少年知道

物种起源

〔英〕查尔斯·达尔文 著
任辉 编

中国致公出版社

少年知道

全世界都是你的课堂

面试无忧，精英教育通关宝典。

孩子入学面试都被哪些问题难倒过？从少年知道里面寻找答案吧！秉承国际一流青少年通识教育理念，精选活泼生动的名家经典读本，专注培养孩子精英素质的人文与科学素养。

自带学霸笔记，让学习更有效率。

为什么读同一本书，学霸从书中学的更多？少年知道帮你总结学霸笔记！每本总结十个青少年必知必会的深度问题，可参与线上互动问答，内容复杂的图书更有独家思维导图详解。

拒绝枯燥，每本书都是一场有趣的知识旅行。

全明星画师匠心手绘插图，从微观粒子到浩瀚星空，从生命起源到社会运转，寻幽探隐，上天入地，让全世界都成为你的课堂。

第一步：微信扫描二维码，关注知音图书坊公众号。

第二步：根据提示复制专属暗号，并添加阅读助手老师。

第三步：向阅读助手回复暗号，参与阅读打卡、领取少年爱问问题音频回答、思维导图独家详解、名师 1 对 1 咨询等学习资源。

少年爱问

物种起源

1. 现在你已经熟知了达尔文的进化论，知道生物是不断进化、形成不同的物种的。那么你知道达尔文之前人们对物种的起源是什么看法吗？

2. 除了神创论，西方也还有过其他的生命起源学说。你知道是在什么时候提出的，是什么样的学说吗？

3. 你听过“达尔文虫”的故事吗？

4. 宠物是怎么来的？

5. 你知道吗？每一只翻车鱼每次繁殖都能生下近 3 亿枚鱼卵，可大海为什么没被翻车鱼填满呢？

6. 到底什么是物种？怎么界定是不是同一个物种呢？

7. 据说，一头 200 公斤的庞然大物和一头 30 公斤的小家伙却是同一个物种，这是怎么回事？

8. 什么是“生命之树”？

9. 人类是从猴子演化来的吗？

10. “龙生龙，凤生凤，老鼠生儿会打洞”的奥秘是什么？

解开谜团的人

“我是从哪来的？”这或许是同学们在童年时代都会发出的疑问，从科学的角度来看，这个问题并不难回答——我们当然都是爸爸妈妈爱情的结晶，在小学阶段的生理卫生课上，我们就能掌握到相关的知识。可如果把这个问题扩大到人类这种生物，或者延伸到其他所有生物的身上，这些物种是怎么产生的就不是那么好回答了。几千年来，人们试图用女娲造人、上帝创世等神话解答这个问题，但这样的答案当然不是真相。直到 160 年前，来自英国的博物学家达尔文终于出版了自己的巨著《物种起源》，万千生物的演化之谜才终于找到了答案。

或许很少有科学人物能像达尔文这样家喻户晓。如果仅仅从科学家本身的知名度来看，古希腊的亚里士多德或更近代的牛顿、爱因斯坦也并不逊色，但他们从事的工作大多不为人熟知，比如亚里士多德的博物学研究，牛顿开创的微积分，和爱因斯坦的相对论理论，我们普通人都很难理解。唯独达尔文是个例外，即便许多人并没有读过他写的《物种起源》，也一定认为自己已经对这本书理解得足够透彻——不就是“物竞天择，优胜劣汰，适者生存”嘛！

然而非常尴尬的是，由晚清著名教育家、翻译家严复老先生提炼的这几组词汇，其最早的出处却并不是来自达尔文的这本书。严复所翻译的《天演论》，英文原著其实是对另一位英国学者赫胥黎的《进化论与伦理学》的翻译，而在翻译这本著作的过程中，严复还添加了许多自己的理解。而严复翻译这本书的初衷，也不是为了传播物种进化的生物学知识，他更看重的是这些理论对启发民智、教化国民的革命意义，进化论作为一个生物概念究竟是怎样的，反倒不是他所关注的重点。

这自然导致了一些概念上的错位——“物竞天择，优胜劣汰，适者生存”其实距离达尔文真正的理论非常远，有的地方甚至还背道而驰，比如“竞、优、劣”这几个字，很容易让我们把物种的起源理解成一场物种与自己、也与竞争对手搏命的比赛，似乎只有最优等的胜者才能生存。

但这样的理解，恰恰是达尔文在写作《物种起源》时特意回避的。通过对大量自然界演化实例的研究，达尔文发现演化并没有固定的方向，将万千生物塑造成今天模样的并不是“更高、更强”的梦想，而是自然界的选择。当一种变异能让生物更适应当时的环境，它就更有机会保留下来，许多个这样的变异积累起来，生物就会演化出新的形态。

你看，我们自认为再了解不过的进化论，其实根本不是想象中的样子。如此看来，重读达尔文著作的《物种起源》就很有必要了。

但如果同学们真的捧起一本《物种起源》，恐怕也很难顺利地读下去。作为一个专业学者，达尔文写这本书的最初目的是为了向其他学者介绍自己的理论，这就必然导致了他的写作方式非常专业，对于缺乏足够科学训练的普通读者、乃至于我们青少年来说，这样的作品就显得有些晦涩难懂了。

从另一方面来看，虽然达尔文的《物种起源》非常出名，但它并不等同于真理——实际上，科学领域并没有一成不变的真理，随着科学的不断发展，总会有新的发现推翻旧的理论，这本来就是科学的魅力。160 年前出版这本书时，达尔文自己也很清楚书中还有许多未解之谜——比如遗传的原理，物种分化的机制等等，他都寄希望于后人能给出更有说服力的答案。令人欣慰的是，这些谜团在今天都取得了不小的进展，其中的许多研究甚至还彻底推翻了达尔文当年的假设。如果同学们只是阅读《物种起源》，而不去探索这些新的研究成果的话，那么我们得到的知识就会是不完整、甚至错误的。

所以，当我受邀为青少年读者写作一本关于进化论的书籍时，既深感压力重大，又无法抑制一笔千言的冲动。而对于这本书的书写方式，则完全基于我个人的成长体验。作为一名自然爱好者，我的少年时期也经历过对达尔文的理解、疑惑和再发现的过程，在写作本书的过程中，我也希望自己可以带入自己当年的体验，尽力避免阅读上的困难。譬如，对于达尔文基本概念的讲述，这本书更多的将侧重点用自然界具体的例子来介绍，而对于《物种起源》中已经被逐渐抛弃的错误观点，我也愿以发展的角度进行回顾。

在解读这本影响深远的著作的过程中，我不禁回想起当年的自己第一次接触《物种起源》时的感受——书籍是人类进步的阶梯，但对于青少年科普读物来说，书更像是发现未知的眼睛，当自然的葱茏徐徐展现，万物的奥秘藏匿其间，我愿用自己的眼睛和大家一起去看看。

2019 年于山东日照

目 录

第三章 谜中之谜：物种的诞生

第四章 “四海之内皆兄弟”

第五章 达尔文也有不知道的事情

第一章

划时代的巨著：《物种起源》

1 家喻户晓的达尔文

和英国许多闻名遐迩的大都市相比，英格兰城市什鲁斯伯里似乎没什么名气，这也难怪，这座城市的人口只有七万出头，在我们中国，这个规模可能还不如许多乡镇。然而当谈到自己的家乡时，什鲁斯伯里人总是底气十足，他们或许不会向你介绍这里秀美的田园风光，也不会提及那点缀城中的典雅的中世纪建筑，但一定会骄傲地说出这座城市孕育的科学巨星——查尔斯·罗伯特·达尔文。

1809 年，我们的主人公小达尔文出生在城市北侧塞文河畔的豪华庄园里。从任何角度来看，小达尔文都是一个含着金汤匙出生的富家少爷，他的爷爷伊拉斯谟斯是英国著名的医生，还曾经被当时的国王邀请入宫去做御医，他的爸爸韦林继承了这份医学衣钵，不仅凭借着精湛的医术闻名全国，还靠着行医所得的丰厚收入购买了大量房产而成了当地数得着的大地主。达尔文的妈妈也是名门闺秀，小达尔文的姥爷韦奇伍德是英国著名的陶瓷大亨，直到今天，韦奇伍德家的陶瓷依然被英国皇室列为御用珍品。

优渥的家庭条件让小达尔文在启蒙阶段就享受了极好的教育，为了培养这个幼子，达尔文的爸爸不仅指定自己的大女儿作为小达尔文的启蒙老师，还从英国各地邀请了许多名师作为家教，但出乎爸爸意料的是，在这种环境下成长起来的小达尔文，却并没有展现出什么特殊的聪明才智，正相反，他似乎更喜欢在自家的花园里抓昆虫，到河边的石滩上看鱼虾，他的房间里堆满了从树林里收集的各种树叶，却唯独对书本上的知识不感兴趣。

达尔文的贪玩让爸爸非常恼火，在爸爸看来，达尔文应该继承家族的医学事业，因为医生不仅是一个受人尊敬的正当职业，也可以为社会做出贡献，而达尔文对于大自然的爱好是不能用来养家糊口的。为了说服达尔文回归“正道”，爸爸可谓是软磨硬泡，但小达尔文依然我行我素，恨铁不成钢的爸爸生气地训斥他：“你如果再这样不务正业下去，一定会辱没家门。”

其实达尔文的爸爸或许忘了，这种“不务正业”的爱好，在他们家族可并不少见，达尔文的爷爷伊拉斯谟斯就是这样一个人，他除了是一名医生，还是一位诗人和自然爱好者，他甚至还和达尔文的姥爷韦奇伍德共同成立过一个科学爱好者俱乐部——月光社。在这个俱乐部里，汇集了许多位著名的英国科学家、发明家和工业家，比如后来发明了第一台实用蒸汽机的瓦特。他们聚在一起的时候，就总是讨论那些和自己所从事的职业毫不相关的科学问题。达尔文的爷爷不仅对工程发明很感兴趣，还专心研究过自然界万物的起源，他曾经编写过一部叫做《动物准则》的笔记，其中就大胆地提出过物种是可以变化的理论。不过，由于这个理论和当时的宗教教义相冲突，达尔文的爷爷并没有把它出版，但对于世间万物的运行规则，达尔文的爷爷一直都很感兴趣。

不过，达尔文的爸爸一心希望把达尔文培养成一名医生，在1825年，小达尔文被送到了爱丁堡大学。这所大学的医学专业非常出名，达尔文的爷爷和爸爸都曾在这里接受教育，可惜的是，这里浓厚的学术氛围不仅没有培养出达尔文对医学的丝毫兴趣，反而让他对医学更为厌烦，尤其是当他亲眼目睹了两次手术之后，就对这份职业更为恐惧。在爱丁堡大学学习的两年时间里，他把更多的精力放在了培养自己真正感兴趣的那些东西上，比如向艾德蒙斯顿教授学习制作动物标本，或者去跟詹姆森教授学习地质学课程。他还结识了罗伯特·爱德蒙·格兰特，这是一位著名的解剖学家，也就是从他口中，达尔文第一次了解了法国学者拉马克关于动物起源的学说，并很快成为了拉马克的粉丝。

眼看着儿子在医学方面毫无进展，心灰意冷的爸爸退而求其次，把达尔文送进了著名的剑桥大学。这次，他给达尔文选择的方向是神学，他认为，既然达尔文不太可能成为一名医生，那至少可以做一名尊贵的牧师。对于这次转学，达尔文没有太排斥，当时的达尔文的确信仰基督教，而且如果真的能在毕业后成为一名牧师，这种清闲的工作就可以让他有充足的时间去探索自然。

达尔文的远房表哥福克斯当时也在剑桥上学，他向达尔文介绍了收集和制作昆虫标本的方法，达尔文很快就着了迷。有一次，达尔文在伦敦郊外的森林里闲逛，突然发现了两只从来没见过的奇怪甲虫，如获至宝的达尔文赶紧左右开弓把它们抓在手中。就在这时，第三只甲虫出现了，情急之下，达尔文只得把这只甲虫塞进嘴里，哪想到这种甲虫会分泌一种毒液，达尔文被毒液刺激得疼痛难耐、泪流不止。人们后来将这种甲虫命名为“达尔文虫”，用来纪念这段轶事。

约翰·亨斯罗是剑桥大学的植物学教授和昆虫专家，在表哥的引荐下，达尔文很快就成为了亨斯罗家中的常客，在跟随亨斯罗学习昆虫知识的同时，他深深地被亨斯罗渊博的博物学知识所吸引。对于这个好学的年轻人，亨斯罗也格外器重，1831 年，当达尔文顺利完成学业，准备听从爸爸的安排回乡担任牧师职务时，亨斯罗却建议他先去参加一次前往威尔士的科学考察。这次考察由地质学家塞奇威克带队，这是一位严谨的学者，亨斯罗认为，达尔文可以从他身上学到许多科学家所应具备的素质。事实也的确如此，在跟随塞奇威克进行科考的过程中，达尔文不仅学会了如何采集标本，如何考察和研究古代岩层，更重要的是树立了扎实严谨的科学态度，这对达尔文后来的研究奠定了坚实基础。

1831 年 8 月，亨斯罗得到了一个消息，皇家海军的小猎兔犬号正在筹备一次环球航行，这次航行的目的是考察南美洲和太平洋

的一些岛屿，船长费茨罗伊正在寻觅一位年轻的博物学家同行，亨斯罗马上向他推荐了达尔文。

达尔文对这趟远航很感兴趣，但他的爸爸却极力反对，由于这次航行至少需要两年时间，而且完全没有报酬，爸爸认为这完全是在浪费时间。无奈之下，达尔文找到了疼爱自己的舅舅来做说客。

幸运的是，舅舅最终说服了爸爸，达尔文成功登上了小猎兔犬号，而正是这次航行，启发了他对物种起源的研究。或许我们都应该感谢达尔文的舅舅，他让英国失去了一个牧师，却让全世界收获了一位开创新时代的科学巨匠。

小猎兔犬号是一条只有 27 米长的小型双桅帆船，在远洋航行时，它小小的船身总是随着海浪剧烈地晃动，这让从未出过海的达尔文吃尽了苦头。为了分散晕船的痛苦，费茨罗伊船长送给达尔文一本《地质学原理：第一卷》作为消遣，这本书的作者是当时的英国地质学会主席莱伊尔，他在书中描写了一些地球地质随着时间而沧海桑田变化的故事，达尔文很快就被书中的内容所吸引。第二年，亨斯罗又给达尔文寄来了这本书的第二卷，书中提到的关于珊瑚礁形成的内容，正好与达尔文在基林群岛亲眼目睹的事实吻合。

但达尔文并没有因此就完全迷信书中的内容，尤其是在《地质学原理：第二卷》中莱伊尔提到了关于物种变化的内容引起了达尔文的疑惑。莱伊尔认为，既然物种是上帝所创造的，那就应当是完美而不会产生任何变化的，由于各地环境不同，上帝就创造了许多可以适应各种环境的生物，这就是为什么很多看起来很像的生物之间却总是存在一些不同，而当环境变化时，有些生物就因为无法适应新的环境而灭绝。

可就在达尔文阅读这本书之前一个月，他刚刚在南美洲发现了一种巨大的地懒的化石。这种远古生物的许多身体结构都很像今天的树懒，这说明它们对环境的适应能力应该也和树懒差不多，可为什么树懒直到今天还能适应这里的环境，地懒却灭绝了呢？随后他又发现了两种美洲鸵鸟，它们生活的环境几乎完全一样，甚至有一些地方同时生活着这两种鸵鸟，那么为什么上帝要在同一种环境里创造两种生物呢？这不是多此一举了吗？

这些疑问在达尔文的脑海里翻腾，小猎兔犬号也继续延伸着自己的航程，1835 年 9 月，小猎兔犬号来到了位于太平洋腹地的加拉帕格斯群岛。

对于这片陌生的岛屿，达尔文充满好奇，他不辞辛苦地走遍了群岛的各个角落，收集和观察着这里的许多奇特生物，其中的一些小鸟引起了他的注意。这种小型的雀鸟，达尔文在南美洲大陆就曾经见过，在加拉帕格斯群岛的各个小岛上也都有它们的分布，但当达尔文仔细观察生活在不同小岛上的鸟的嘴巴时，就能看出明显的差别：它们的嘴巴有的大小不同，有的形状不同，如果按照这个分类，这些鸟类足足有十几种。这更加重了达尔文的怀疑——太平洋上的这片并不大的群岛，真的值得上帝这么用心地去创造十几种完全不同的鸟类吗？

1836 年，达尔文终于回到了英国，从英国出发时，他只是个博物学的爱好者，当他结束航程时，已经成为一位真正的专家。他在航行中的所见所闻早已随着和亨斯罗的书信传回国内，达尔文的名号也已经被英国学术界熟知，但对于达尔文来说，这些荣耀并不重要，他在这次航行中的确发现了许多新知识，但也带来了许多新问题，此时此刻，他迫切地想要找到答案。

为了验证自己心中已经隐隐出现的假设，达尔文将自己在航海

过程中收集的几百件标本送到了伦敦动物学会，其中那些加拉帕格斯群岛的雀鸟的标本被交到了学会首席动物标本制作师约翰·古德尔手中。根据古德尔的鉴定，这些雀鸟至少可以被划分为 13 个完全不同的物种，而这 13 种鸟类，和南美大陆上生活的那一种也不相同。

这个结果让达尔文大为震撼，并最终坚定了自己内心的判断——在他第一次观察到加拉帕格斯群岛的这些雀鸟时，达尔文就曾构思过一个假设，这些雀鸟很可能就是南美大陆上那种雀鸟的后代，它们偶然间来到群岛上，并分散到了不同的岛屿，由于不同岛屿上生长的植物不同，雀鸟所能吃到的食物大小也不尽相同，这最终导致了它们鸟嘴的差异。也就是说，并不是上帝创造了 13 种不同的鸟类，而是由一种鸟类针对 13 种环境产生了变化，物种并不是恒定不变的！

但是，如果不是上帝的力量，那么导致物种变化的原因是什么呢？对于这个新问题，达尔文一直没有找到答案。1938 年，还在为这个问题所困扰的达尔文无意间阅读到了马尔萨斯的著作《人口论》。这本书认为，如果在理想状态下，一对夫妻可以生下好几个孩子（达尔文自己就有 5 个兄弟姐妹），而这些孩子结婚后又会生出更多的孙辈，如此一来，人类的数量可以很快地呈几何倍数增长，但事实并非如此，人类的总量增长是很缓慢的，这是因为整个社会能养活的人是有限的，它受到粮食产量、医疗水平等的限制，过多的人口会导致饥荒、战争以及瘟疫横行，这些外界压力会削减人口，直到它回落到社会能承受的水平。这个理论给了达尔文启发，人类社会所遭遇的这种压力，在自然界中不是也同样适用吗？如果环境会发生变化，那么就一定会淘汰掉一些生活在其中的生物，只有生存能力最强的、对环境最适应的个体才能存活下来并留下后代，日积月累之后，这种生物对新环境的适应性更强，它们不是就已经演变成一个新的物种了吗？

这就是后来被称为“自然选择”的过程，也是达尔文《物种起源》的核心观点。但仅仅有这个观点还是不够的，达尔文也很清楚，他还需要找到一个物种演变为另一个物种的直接证据。这显然是很困难的，因为无论是环境的变化，还是自然选择导致的物种的变化，都一定是很缓慢的，以人类短暂的一生是不可能亲眼验证的，但他找到了一个变通的办法，那就是研究人工饲养的生物的变化，比如植物的育种和宠物的品种培育。达尔文相信，如果人类都能通过人工选择的方法获得新的品种，那么更强大的大自然的力量，当然也可以创造出新的物种。

但尽管达尔文在小猎兔犬号的远航时发现了许多证据，他也敏锐地从这些证据中提炼出了一套完整的理论，并通过观察人工选育的品种来验证了自己的理论，但直到 20 年后的 1858 年，达尔文才公布了自己的观点，并于第二年出版了《物种起源》一书。这一方面是因为达尔文对科学抱有严谨的态度，但更主要的原因，还是因为他很清楚自己的理论一旦公开，一定会引发各界的轩然大波。

而这，则要从达尔文所生活的那个年代里人们对于物种起源的主流观点谈起。

真有趣

达尔文的哪位家人曾提出过“物种是可以变化的”这一论点呢？

2

向上帝宣战

尽管在今天我们一提到进化论就会想到达尔文，但在探索“生命从何而来”这个大问题的路上，达尔文可并不孤独。在他之前的几千年里，早就有数不清的智者对这个问题给出了自己的答案，他们中的一小部分，甚至已经提出过“进化论”的大致轮廓，但他们的解释有许多错误，有的观点站在今天的角度来看甚至是充满迷信的味道。

所谓的进化论，其实讨论的就是大千世界里万千生物的来龙去脉的问题。在人类诞生出文明的早期，古人们就有肯定对这些问题进行过思考，但是那时的人类对于自然的认识还太浅薄了，许多在今天看来习以为常的自然现象，在当时的人们看来都没法理解。而远古人类创造出的各种巫术和神话故事，就是他们在试图解答这些问题的过程中的产物。

生活在今天中东地区的苏美尔人，是全世界第一个把他们对于万物生灵诞生的理解记录在了泥板上的文明，他们的神话写到，世界上最初有阿斯普和梯阿马特两位古神，两位古神结合后生下了许多神族后代，但这些神们相处得并不和谐，最终引发了旷日持久的战争。古神的曾孙马尔都克成为了最后的胜利者，他便把自己曾祖母的身体一分为二，就形成了天和地，又用另一位神的血液造出了人类和其他生灵。

这个故事在我们中国人听起来似乎有点耳熟。我们古代的传说中，大神盘古正是用自己的身躯来开天辟地的，而人类则是女娲用泥巴捏出来的。而这样的传说在当时的各个古文明中比比皆是，虽然这些神的名字不同，但总的意思都是一样的——天地万物，以及包括人在内的生命，都是神创造出来的。

流传最为久远、对人类影响最大的神创故事，当然是来自于古犹太人编写的《圣经》里的那一则了。他们认为，神——也就是上

帝耶和华总共花费了 6 天的时间来创造世间万物，人类和其他生命就诞生在第 6 天。《圣经》里甚至还给最早诞生的人类起了名字，也就是著名的亚当和夏娃，而我们所有人，都是亚当和夏娃的后代。

在古代文明的长河中，古希腊人绝对算得上一个特例。他们虽然也有自己的神话，也有诸如宙斯、雅典娜之类的众神，但却并没有就此满足。一批古希腊学者已经意识到，总是把希望寄托在“神”这样的超自然力量上，对于我们更进一步地认识自然是没什么帮助的。他们坚信，神话只是神话，自然界则有自己的运行规律。

最早提出这种思想的，当属古希腊的泰勒斯，他发现，世间万物似乎都和水有着密切的关系，动物需要饮水，植物需要雨露，流水能改变自然地貌，世界万物或许都是自然因素互相作用而产生的，和神没什么关系。他的学生阿那克西曼德继承了这一理论，并进一步地提出了自己的假设：他认为，生命都是由水繁衍出来的，最早的生命肯定就是生活在水里的鱼，当水枯竭的时候，有一些鱼被迫来到了陆地上，并且随着这些环境的变化而变化，最终形成了陆地生物。换言之，他认为人在诞生之初原本也就是一种鱼，为了适应陆地的环境，这些祖先才褪去了鱼皮。

这种假设在今天来看当然是可笑的，但我们可以发现，阿那克西曼德认为生物是可以变化的，这其实就是最早的“进化论”的思想雏形。

但这种“进化”的理论，仅仅过了两百多年就被另一位大学者给否定了，他就是亚里士多德。亚里士多德认为，自然界有它自己的运行规律，而这个规律已经十分完美，即便从鱼到人的过程中发生过变化，这种变化在今天也已经结束了。今天的所有生物，都停留在它们应该停留的位置上，并且可以按照高级和低等的顺序给它们排排位置，比如最原始的是植物，然后是昆虫、鱼类、鸟类、哺乳动物，最高级的当然是人。

虽然亚里士多德的理论依然存在很多漏洞，但它所蕴含的亮点同样不能忽视：尽管亚里士多德坚持认为现有的生命已经停止变化了，但他给出的这个从低等到高级的顺序，倒的确是符合进化的方向，更重要的是，他提出了一个崭新的观点——生物身上的许多结构，不是为了达成什么目的才出现的。比如各种不同功能的牙齿，犬齿可以撕咬，臼齿可以咀嚼，但牙齿的出现并不是为了方便动物们撕咬和咀嚼，牙齿都是偶然间出现的，如果有一种动物没有犬齿或臼齿，它就不能撕咬或咀嚼食物，它就会被饿死而无法生存下来，而能生存下来的那些，就恰好拥有它需要的那种牙齿了。这和两千多年后达尔文提出的“自然选择”理论也有许多共通之处。

但很可惜的是，古希腊文明对于生命来源的思考，走到这里便进入了尾声，随着文明的衰败，这些思想的火花也随之消逝，即将点燃的真理明灯，再次被黑暗笼罩了。

终结古希腊文明的，就是大名鼎鼎的古罗马，这个起源于意大利半岛的文明，在历经七八百年的征战之后，最终发展为一个横跨亚非欧的帝国。但也正是在这个过程中，古罗马人养成了务实的性格，所以当公元前 146 年古希腊被古罗马吞并后，虽然也有大批的古希腊学者被古罗马帝国接纳，但古罗马人更倾向于学习古希腊先进的工程、农业、医学知识，对于古希腊人研究的那些“生命起源”之类的纯理论性的东西，他们兴趣不大。

在古罗马崛起的过程中，被他们吞并的古文明可不止古希腊这一家，地中海沿岸的许多古文明都成为了庞大帝国的领地，而在这个过程中，诞生于这些被征服区域的宗教，也开始活跃在庞大的罗

马帝国全境。其中，就包括我们前边提到过的那种由古犹太人所创立的、认为世间万物是上帝花费 6 天时间创造出来的犹太教。

犹太教是个很古老的宗教，但它对当时的中东地区的影响却十分深远。从犹太教分化出来的基督教，由于宣传远离恶行便可升入天国，在底层老百姓群体里很受欢迎，在中东地区被古罗马吞并后，这一宗教很快就发展扩散到了古罗马帝国的腹地。一开始，帝国的统治者们对这种外来宗教并不接纳，但当它的信徒越来越多，统治者们便转而希望通过宗教的力量巩固政权了，到了公元 392 年，罗马皇帝狄奥多西宣布基督教为罗马国教，基督教的权威地位就大大提升了。

权威就意味着不可置疑，维护宗教的权威，当然也包括着维护基督教的基础《圣经》。《圣经》里记载的每一个字，都被视为亘古不变的真理，“神创论”的思想，也便开始占据了基督教世界的统治地位，而几百年前古希腊人提出的那些关于生物起源的思考，都被打上了歪理邪说的标签。

此后的一千多年里，罗马帝国不断分裂、衰败，但基督教的统治力量却不断地发展。由于宗教对于文化层面的统治根深蒂固，绝大多数的人对上帝创造万物的故事深信不疑,甚至一些著名的学者，也煞有介事地去巩固这一学说。比如《圣经》中提到，上帝在第六天创造了人类和其他生命，但这个第六天到底是哪天呢？1650 年，英国剑桥大学的校长约翰·莱特富特“通过精密的计算”得出了结论——那一天就是公元前 4004 年 10 月 23 日，他甚至都把时间精确到了小时——亚当是那天上午 9 点由上帝创造的。

但《圣经》中的一些小细节，却引起了一些有识之士的质疑。

开垦土地、开山挖石的过程中，人们总是能从石头里发现一些不寻常的东西，在今天，我们把它们称为“化石”。其实早在古希腊时代，西方人就已经认识化石，而我国的春秋时期，也记载过山西出土的“龙骨”。在很长的时间里，化石并没有引起人们过多的关注，人们只是把它们当成一不小心被土掩埋的生物的特殊尸体。

但在 1588 年，爱尔兰挖掘出了一种大型鹿类的化石，这种鹿的外貌实在是太特殊了，它的鹿角足有 4 米多宽，和当时爱尔兰生活着的所有鹿都不一样。可博物学家们找遍了爱尔兰的每一寸土地，甚至前往刚刚发现不久的美洲去搜索，都找不到这种鹿的存在。以前人们发现的化石，大多是些小型生物，比如昆虫和鱼类，它们很难被人类找到还说得过去，可长有这么巨大的鹿角的生物，居然从来没有被人发现过，就很匪夷所思了。有些大胆的人提出，会不会是这种鹿已经灭绝了呢？

这个想法当然遭到了宗教的严厉打击，按照《圣经》的观点，上帝创造出的生命都是完美的，自然也不会发生什么变化，而且上帝心怀怜悯，也不会对他自己创造的生物赶尽杀绝。关于生物灭绝的想法，也就没有人敢再公开地讨论了。

时间到了1795年，法国科学界出现了一颗冉冉升起的巨星——居维叶，年纪轻轻的他之所以能成为学术领袖，正是因为他创立了一套通过解剖来判断生物类别的方法。正是通过这个办法，居维叶对两块来自北美洲和西伯利亚的大象骨骼化石进行了详细研究，居维叶判断出这是两种完全不同的象（也就是美洲乳齿象和西伯利亚猛犸象）。更重要的是，通过和现存的非洲象、亚洲象对比，居维叶可以确信地说，这两种象在今天已经不复存在，它们的确灭绝了。此后的1812年，居维叶又回过头去研究了一些爱尔兰的那种鹿，他的结论同样是——这种被称为大角鹿的鹿，也已经灭绝了。

居维叶的学术地位之高，连宗教势力都不敢轻易打压，而物种会灭绝的事实已经公之于众，基督教廷是不是就要威严扫地了呢？

还真没有，因为《圣经》里还有另一个故事……

《圣经》里写到，由于亚当和夏娃的子孙们变得邪恶又残暴，上帝十分不满，最终决定要降临一场灾难惩罚这些恶人。只有一位叫做诺亚的老实人得到上帝的指示，提前建造了一艘大船，上帝还告诉诺亚，要把世上其他生物都选一公一母带到船上避难。随后，上帝大展神威，下了整整40天暴雨，躲在诺亚方舟上的人和动物，最后在今天土耳其的阿勒山上登陆，今天的人类和生物，都是诺亚方舟上那些幸存者的后代。

于是，一些上帝的捍卫者便提出了一个崭新的解释：诺亚方舟虽然很大，却也不可能装得下所有的生物，而且诺亚时间匆忙，也没有办法把所有的动物都带上船。乳齿象，猛犸象和大角鹿，就正好是被诺亚无意之间遗留在地面上的倒霉蛋，它们是被那场大洪水给灭绝了，又被洪水带来的泥土给掩埋了。这并不是上帝的本意。

抛出生物会灭绝的证据的居维叶，会相信这个解释吗？他似乎真的在一定程度上相信了。此后，居维叶在开采巴黎盆地的化石时发现，一个地区掩埋的化石居然分成了好几层，而且每一层的生物都不太一样，有的是沼泽生物，有的是海洋生物，有的是陆地生物。居维叶并没有因此继续质疑基督教的“大洪水”解释，而是主动地提出了一个受到宗教势力欢迎的新解释——“灾变论”。他认为，上帝在地球上释放的灾难不止有诺亚方舟那一次，在上帝创造人类之前，也曾周期性地创造和清理过许多低级的生物，而在距今5000年前发生的那次大洪水，其目的就是为了清理舞台，给“上帝最后也是最完美的作品（指心地善良的人类）”做好准备。

为什么原本可能突破“神创论”黑暗的居维叶，反而却又给“神创论”提供了理论武器呢？其实归根结底，还是因为他坚定地认为生物是不会发生变化的。作为一个极富自信的天才，居维叶对自己的解剖学成果深信不疑，在研究过古埃及人制作的动物木乃伊之后，居维叶发现这些已经死亡4000多年的动物，在解剖学角度上和今天的动物没有任何变化。居维叶认为，如果4000年这么长的时间都不足以让动物产生变化，那动物可能真的就是永恒不变的。那么那些灭绝了的生物，和现存的生物当然也没什么直接关系，它们因为一场灾难彻底灭绝，当然是他所能想到的最合理的解释了。

然而居维叶坚信的这种“物种不变”理论，却遭到了他在法国巴黎皇家植物园的同事——让·巴蒂斯特·拉马克的强烈反对。

拉马克是一位杰出的博物学家，对于生物起源的问题，他有自己的理解。在1809年，也就是达尔文出生的那一年，拉马克出版了《动物学哲学》一书，这本书刚一面世就立刻引起了轰动，正是因为拉马克第一次提出物种“进化”的设想。在拉马克看来，生物不仅不是恒定不变的，甚至正相反，它们变化得非常迅猛，而促使

它们变化的原因，是因为“用进废退”和“获得性遗传”。

该如何理解拉马克的这些理论呢？他自己给出了一个很生动的例子：生活在非洲的长颈鹿为什么会长着那么长的脖子呢？拉马克认为，那是因为最鲜嫩的树叶，都生长在高耸的树冠上，长颈鹿为了吃到这些树叶，每天都要努力地伸长脖子，日积月累，脖子就一点点地变长了，这就是用进废退的“进”，而这一代长颈鹿通过“后天努力”获得的长脖子，又可以遗传给自己的后代，这就是获得性遗传。

不可否认，拉马克的这些理论，在那个年代是多么惊天动地，多么富有新意，以至于我们本书的主人公达尔文也一度成为拉马克的忠实粉丝。由于第一次提出“进化论”的概念，拉马克也就因此被推上了“进化论的创始人”的宝座。

但拉马克或许没想到，只在短短几十年后，他的理论就被大洋彼岸的一个曾经痴迷崇拜过自己的小粉丝——我们的达尔文，推翻了。

真有趣

生活在非洲的长颈鹿为什么会长那么长的脖子呢？

3 我们从哪里来

我们前边提到，就在达尔文出生的那一年，法国的博物学家拉马克就曾提出过一套系统的进化学理论，这套理论对当时那种主流的“物种是不会变化”的观点提出了有力挑战。

拉马克的进化理论其实是由两个重要部分组成的，也就是“用进废退”和“获得性遗传”。拉马克认为，一个生物在自然界中生存的时候，那些经常使用的器官会变得原来越强壮，这种变强的过程就是一种进化，而一些几乎用不到的器官则会越来越退化，这就是“用进废退”。而在这个生物自己变强之后，它变强的这些特征还会遗传给自己的后代，这就是“获得性遗传”。拉马克用长颈鹿的例子来解释自己的这个学说，当时古生物学家已经挖掘出一些古老的长颈鹿的化石，它们的脖子并不像今天的长颈鹿那么长。拉马克解释说，这种短脖子的长颈鹿可能是以地上的矮草为食物的，但是随着非洲的环境变得越来越干旱，越来越少的草已经不能满足长颈鹿的需求，它们就需要伸长脖子去吃那些树上的嫩叶，在这个过

程中，长颈鹿的脖子因为经常使用而变得长了一些，这个长脖子的特征又被遗传给了它的后代，一代又一代之后，长颈鹿的脖子就变得和今天这样特别的长了。

这个理论看起来似乎很合理，而且在人们的生活中也存在一些类似的例子，比如许多运动员为了赢得比赛而辛勤地锻炼身体，他们的肌肉的确会变得越来越强壮，他们跑得也会越来越快，跳得越来越远。而运动员的孩子似乎也总是比其他人的孩子更健康强壮。还有一些科学家，他们长期进行思考，大脑确实就显得比其他人更敏锐，他们的孩子也似乎能比其他的孩子更聪明。

但仔细推敲起来，这些例子就很难站得住了，运动员的孩子或许看起来普遍要更强健，但他的孩子并不一定就比其他孩子天生就更适合从事运动员父母所从事的那项运动。比如我国的著名游泳运动员孙杨，他的爸爸妈妈都曾是排球运动员，但孙杨并没有因此就

获得了排球运动员的优势，而是在和排球相差很大的游泳池里叱咤风云。运动员的孩子比其他孩子强壮，更多的原因是运动员的家庭在饮食和作息上的习惯更健康，他们的运动员父母也更重视孩子的身体锻炼，这才是导致孩子更强健的主要原因。同样的道理，科学家的孩子之所以看起来更聪明，也是因为科学家普遍更重视教育的结果。

达尔文在爱丁堡大学学习的时候，就从著名解剖学家罗伯特·爱德蒙·格兰特那里了解了拉马克的进化理论，在此后的几十年里，达尔文一直是拉马克的忠实粉丝，也正是拉马克的进化理论，启发了达尔文对于物种起源这个问题的思考。但达尔文很快就发现了拉马克理论的不足之处，在完成了小猎兔犬号航行之后，达尔文一方面坚定地维护着拉马克提出的"物种是可以变化的"这个原则，另一方面，则试着从更合理的角度去解释物种是如何去变化的，经过二十年的思考，最终形成了今天被我们称为"达尔文主义"的进化理论。

达尔文的进化理论主要分为 4 个主要内容，也就是自然选择、物种增殖、共同起源和渐变进化，在我们介绍《物种起源》这本书之前，不妨先对这 4 个主要内容进行一个大概的了解。

自然选择是达尔文学说中最核心的内容，可以说是构建了达尔文进化理论的灵魂，它也是达尔文的学说和拉马克的学说最本质的差别。简单地说，这个观点可以被概括为"适者生存，不适者被淘汰"。和拉马克认为的那种生物凭借着自己的意志坚定地朝着一个固定的方向进化的观点截然不同，达尔文认为每一个生物个体都会有多多少少的变异，这些变异是完全随机的，也不会因为这个生物自己的努力而变化。因为生物生存的环境是在不断变化的，这些变异有的可能有利于生物适应这些新环境，有的则不利。那么自然的力量就会对这些变异进行筛选——只有最能适应环境的那些生物个体才能有更大的概率存活下来，并繁衍出下一代，它的下一代也有更大的概率出现这种有利的变化。经过漫长的岁月之后，这些有利的变化不断巩固，就造成了物种的进化。

还是以长颈鹿来举例吧，达尔文也认同长颈鹿的脖子经历了一个从短变长的过程,但这个变长的过程并不是因为长颈鹿自己的“锻炼”。达尔文认为，在古代的那些短脖子的长颈鹿的后代里，也总有一些脖子稍微长一点的，由于非洲的环境变得越来越干旱，这种脖子稍微长一点的古代长颈鹿就比它的兄弟姐妹们能吃到更多的、更高的树冠上的嫩叶，它也更有可能长得强壮，能活到成年并生下自己的后代。而它脖子稍短一点的兄弟姐妹有的因为营养不良而饿死，有的虽然活到了成年，但不如那些脖子稍微长一点的强壮而没有受到异性的青睐，也就因此没有留下后代。脖子稍长的古代长颈鹿的后代里，也有更大的概率出现脖子更长一点的后代，它们又因为对环境的适应获得了优势，从而更有可能留下后代。许多代之后，长颈鹿的脖子也就越来越长了。

这就自然地引发了另一个问题：我们知道长颈鹿这种生物只分布在非洲的中南部干旱草原地区，这里的环境比较单一，所以对长颈鹿的自然选择也很简单，可如果有一种生物的分布区域非常广，广泛到跨越了从热带到寒带的完全不同的环境，那么各地不同环境对它们的选择肯定也是不一样的，在这些不同的自然选择之后，这种生物肯定也会变成不同的样子，长期的这种自然选择之后，这一个物种是不是就会变成好几个完全不同的、适应了不同环境的物种了呢？

这就是达尔文口中的物种增殖概念，启发他思考出这个概念的例子就是加拉帕格斯群岛上的那十几种雀鸟。在达尔文看来，这十几种鸟类之间有太多的相似之处，足以证明它们一开始是来自于同一种鸟类，在它们分散到加拉帕格斯群岛的各个岛屿之后，因为各个岛屿生长的植物不同，植物所能提供的种子、果实也变得不一样，这种食物的变化就是对这种原始雀鸟的自然选择压力。为了适应各个岛屿的不同食物，雀鸟进化出了相应的鸟嘴，有的变得小巧灵活用来啄取草籽，有的变得厚重有力用来咬开坚果，还有的变得格外细长用来从树干里掏出虫子，这种由一个物种为了适应不同环境而演化出多个物种的过程，极大地丰富了物种的数量，这也被称为物种多样性。

物种增值在自然环境中非常普遍，除了加拉帕格斯群岛上的雀鸟这种已经完成物种分化的例子之外，还有许多物种增值的案例是正在进行中、尚未完成的，比如我们最为熟悉的老虎。动物学家告诉我们，今天世界上的所有老虎都属于同一个物种，但生活在我国东北、俄罗斯西伯利亚地区的东北虎，已经和生活在东南亚雨林中的爪哇虎出现了明显的不同——东北虎的体型显然比爪哇虎要大得多，这或许是因为体型更大的生物，更容易在寒冷的环境下保持体温稳定；爪哇虎的毛发要比东北虎短，这或许是因为它生活的区域温度很高，它并不需要太长的毛发来保温，反倒需要较短的毛发来保证散热效果。虽然目前东北虎和爪哇虎还都属于同一个物种，但这些已经可以察觉的差异，让它们成为了两个不同的亚种——也就是达尔文所说的变种。如果再给它们充足的时间，这两种老虎就很可能差别越来越大，最终形成两个完全不同的独立的物种。

反过来说，不管是加拉帕格斯群岛上的十几种雀鸟，还是东北虎和爪哇虎，都是来自于同一种共同的祖先，这也就代表它们来自共同起源。在达尔文看来，共同起源还不仅仅是这么简单，全世界的生物都有可能追溯到几个共同祖先身上。达尔文发现，人类和黑猩猩不仅身体结构很相似，大脑的结构更是非常像，这或许就说明我们和猩猩拥有一个共同的祖先。继续向更大的范围内拓展，无论是人类和黑猩猩，还是小到老鼠，大到鲸鱼这样的哺乳生物，都有着相同的生殖方式，这些哺乳动物应该也能追溯到一个共同的祖先；而我们哺乳动物和鱼类、爬行动物、鸟类虽然体型和外貌差别非常大，但总是拥有一副结构类似的骨骼。这些生物都拥有一条脊椎，也同样拥有保护重要器官的肋骨、保护大脑的头骨和四肢骨骼——鸟的翅膀可以被视为前肢，鲸虽然已经没有了后腿，但从它们的骨骼上还能看到那些没有退化干净的后腿的小骨骼，甚至连一条腿儿也没有的蛇，也有部分种类残留着腿的痕迹（一些蟒蛇身上可以隐约看到腿的痕迹，它们的学名叫做“残足”）。达尔文预言到，这些脊椎动物很可能就来自于同一个祖先。在今天，科学家们通过对基因的研究已经发现，所有的细胞生物——不管是我们人类，还是一只昆虫，或者是一棵植物，甚至是一个细菌，其实都来自于同一个共同祖先，也就是被称为最近普适共同祖先的 LUCA（露卡）。我们可以想象，在一百多年前还没有基因技术时代的达尔文，居然能得出这样的结论，是多么的具有前瞻性。

当然，达尔文得出这些结论的过程非常困难，他前前后后花费了二十多年的时间才最终完善了这些理论，并且在 1859 年将这些理论书写成了《物种起源》这本书，这并不是因为达尔文的工作效率低下，而是因为他缺乏一项重要的研究手段——亲自观察。达尔文认为，不管是自然选择带来的物种变化，还是物种增植，都是一

个非常缓慢的过程，在这个过程中，物种不断地发生小的、无法被人们察觉的变异，这些变异又被自然不断地选择、累积，最终引发了物种大的变化，这个过程是连续的，也是缓慢的，这就是他的渐变进化观点。

达尔文的物种进化观点刚一问世就引起了巨大的轰动，这主要是因为他的观点比拉马克的观点更完善，更能说明物种是在变化的这一事实。但达尔文最核心的自然选择理论，在当时却并没有被广泛地接受，甚至连最支持达尔文的博物学家赫胥黎，也一直没有彻底认可达尔文的自然选择理论，直到达尔文的理论和孟德尔的遗传规律结合之后，自然选择理论才成为了主流的观点。

但站在今天的角度来说，达尔文的观点中也出现了很多不足之处，比如他认为自然选择的单位是单个生物本身，而今天的研究则发现，自然选择其实是作用于种群的，而渐变进化的观点，在今天也被证明存在漏洞。但这正是科学的美妙之处，科学不同于宗教，它从不宣称自己是完美无缺而不可撼动的真理，任何一个时代的科学家所提出的理论，都有可能被后世的研究所不断推翻、拓展，但正是这种不断革新，让我们一直走在接近真理的路上。回顾一百多年前的达尔文，他更像一座为我们指引方向的灯塔，在宗教统治的大环境中，达尔文为我们照亮了通向物种起源之谜的道路，而今天的我们，正沿着这条大道，奋勇前进。

真有趣

达尔文是谁的粉丝？他的这位偶像出版了一本什么书引起了轰动？

第二章

幕后的推手：适者生存

1

宠物是怎么来的

在达尔文生活的那个年代，英国正处于历史上的鼎盛时期，强大的国力给普通民众带来了富裕生活条件，有钱又有闲的英国人就有了许多精力来满足自己的一些兴趣爱好，这其中，对于园艺栽培和宠物的培育就是当时最时髦的。当时的许多园艺和宠物爱好者为了彰显和别人的不同，对新品种的培育格外重视，今天我们看到的许多猫、狗和花卉的新品种，大多都是那个年代的产物。

我们之前说过，幼年时代的达尔文就对花草鱼虫之类的很感兴趣，这一爱好伴随了他的一生，哪怕是在他苦苦思索物种起源之谜的时期，也没有放弃对园艺和宠物的喜爱。最开始，达尔文只是把它当成繁重工作之后舒展心情的一种休闲方式，但逐渐地，他意识到园艺和宠物的新品种培育，似乎正好可以解决自己急需解决的一个大难题——以实验的方式检验外界选择对物种变化带来的影响。

达尔文认为，自然界的选择是很缓慢的，人类很难观察到一个物种在自然选择下演化为另一个物种的全过程，但人工培育的植物和动物所面临的环境变化比自然界中的更剧烈，培育者出于自己的目的所筛选出的变异也更明显，但它的运作原理和自然选择从本质上还是相同的，所不同的地方在于，野生生物所面临的选择来自大自然，所以叫自然选择，而人工培育的生物所面临的选择来自人类，所以叫人工选择。

为了方便同学们理解人工选择的具体含义，我们不妨从一则一万多年前的故事讲起。

在今天，小麦是全球最主要的粮食作物，我们中国人喜欢吃的馒头、水饺，西方人餐桌上离不开的面包、蛋糕，都需要依靠这种农作物作为原料。但在自然界中，原本并没有小麦这种植物，在一两万年之前，我们的祖先也只能依靠外出打猎和采集野果充饥。

大约在一万年前，生活在中东地区的古人类偶然间被几株野草所吸引，这并非是因为这种野草很罕见，正相反，这种野草根本不稀奇，由于这种野草的种子成熟之后总是会自动脱落到地上，一颗颗地去捡拾这些细小的种子效率很低，古代中东人一直没有把它作为主要的食物来源，但眼前的这几株显得很不一样——它们的种子在成熟之后，并没有像通常那样掉落到地上，而是顽强地残留在了茎杆上。有心的古人小心地收集了这几颗种子，并在第二年春天尝试着把它们种在了泥土里，果然，当这些被人工栽种的野草成熟后，种子依然没有自动脱落。古人如获至宝，不断地采集这些种子栽种，人类驯化的第一种植物——小麦诞生了。此后的几千年里，人们又不断地收集那些麦粒更大、更多的小麦的种子来培育，最终获得了今天这种高产的小麦。

我们可以看到，小麦的祖先——那种野草，或许是发生了偶然的变异，变得不会主动脱落种子了，这种偶然变异符合人们的需求，

不会自动脱落代表着方便收割，小小的麦粒也就有了食用的价值。人们不断地培育这种不会自动脱落的种子，并不断选择那些麦粒更多、更大的个体来培育，这就是一个典型的人工选择的过程，在这个过程中，生物的偶然变异被快速地扩大，仅仅过了一万年，人工种植的小麦和野生小麦之间就出现了天翻地覆的变化。

人类对动物的驯化也是如此，我们以现代经常养殖的黑白花奶牛为例。人们养殖奶牛的目的，当然是为了让它更多地产奶，但奶牛的祖先——原牛，其实是一种奶水并不特别多的野生动物，和大多数哺乳动物一样，雌性的原牛仅仅在哺乳期分泌乳汁，这种宝贵的液体是通过一系列特殊的腺体由母牛体内的营养转化而来的。可以想象，在整个哺乳期内，母牛需要为自身和幼崽提供营养，这是一项非常沉重的负担，所以一旦幼崽可以食用其他食物，母牛的乳腺便很快萎缩，以避免营养的浪费。对于野外生活的原牛来说，母牛只需要在大约 6 个月的哺乳期内产生自己的幼崽所需要的少量牛奶即可。

不过，每一头牛的产奶量和哺乳期是有着细微差别的，这或许是来自它们基因的偶然变异，有些个体的哺乳期更长，每天的产奶量也更多。人们刚刚驯化原牛的时候就已经观察到了这种差别，于是人工选择就开始了：人们将这些高产的母牛单独圈养起来，它们的后代中就可能有新的小母牛继承母亲的这一优良特质，甚至青出于蓝，人们便又将这些产奶量更高、哺乳期更长的牛挑选出来。一代代的繁育过程中，人们总是留下产奶量最高的那些个例，经过将近一万年的人工选择，哺乳期长达 300 天、年产奶量接近 6 吨的奶牛诞生了。

这就是动物驯化中的人工选择，其他的家牛品种也都经过了这个过程——人们选择出那些生长更快、肌肉更紧实的牛来繁育，于是得到了专门用来提供牛肉的肉食牛；人们选择了那些力气更大、耐力更强的个体来繁殖，于是得到了专门用来干犁地、拉车等重体力活的役用牛。

在编写《物种起源》的过程中，达尔文特意咨询了许多育种专家的意见，他发现，当时风靡英国的家鸽育种过程，就极能代表人工选择对生物所带来的深刻影响。为了进行研究，达尔文购买了他能找到的所有家鸽的品种，它们之间的差别之大，甚至已经超过了自然界中的两种完全不同的鸟类之间的差别。比如普通的鸽子的尾巴上，一般长有 12—14 根尾羽，但扇尾鸽的尾羽却多达三四十根；一般的鸽子发出的叫声是低沉的“咕咕”声，但笑鸽的叫声，活像人们捧腹大笑时的声音；大多数鸽子的羽毛紧密地贴在身上，这是帮助它们抵挡寒风和雨水的屏障，可毛领鸽的脖子上却长着一圈蓬松的羽毛，看上去更像戴了一条毛绒的围脖。达尔文断言，如果有

一位鸟类学家从来不知道有鸽子这种生物，那当他看到这些奇形怪状的家鸽时，一定会把它们分为几十个完全不同的物种。

但很奇怪的是，纵然这些鸽子在外观上的差别已经如此之大，它们却的确都是同一个物种，所有的这些鸽子都来自于人们最早驯化的一种野生鸟类——原鸽，而在这些家鸽身上，也的确能找到原鸽所独有的一些特征。比如它们嘴巴上边那种柔软的凸起物，还有用一个叫作嗉囊的结构来分泌“乳汁”喂养后代的习性，而且即便是羽毛颜色已经和原鸽完全不同的品种，也依然有可能生出和原鸽的蓝黑色斑纹的后代，更重要的是，这些奇怪的家鸽完全可以和野生的原鸽繁殖，并生出正常的后代。

达尔文认为，既然人类可以根据自己的需要，在很短的时间里就培育出新的品种，那么更强大的自然选择的力量，也一定可以让生物产生变化，换句话说，达尔文把人工选择当成了一次实验。但

是在进行这次实验时，达尔文也清晰地认识到了人工选择和真正的自然选择还是有着本质的区别的。

自然选择的原则，是筛选掉那些对生物生存不利的变异，而人工选择的原则，只是筛选出那些对人类自己更有利的变异。比如我

们一开始说到的小麦吧，那些偶然间变异的野生小麦的种子不会自动脱落，这从自然选择的角度来说不仅对野生小麦没什么好处，甚至可能还是有害的。野生小麦之所以会让种子自动脱落，本身就是一种播种的方式，而不会自动脱落的种子始终无法接触土壤，也就不能生根发芽，甚至还增加了被鸟类啄食的风险。更极端的例子是一种叫做美利奴的绵羊品种，这种羊的毛特别的长，甚至到了如果羊毛被雨水淋湿，沉重的湿羊毛就会压得绵羊无法站立和行走的程度，显然，如果这种羊生活在野外，一场大雨就足以让羊失去活动能力，从而成为捕食者口中的美餐。

人工选择的品种还经常出现不稳定的特性，除非一直使用纯种来繁殖，否则它们很容易就会恢复到祖先的样子。比如一只小巧的泰迪犬如果和普通的土狗繁殖，它生下的孩子很可能就会失去那种体型娇小的特点，如果多杂交几代，可能就连泰迪犬标志性的弯曲棕色毛发都会消失掉，变得和普通土狗一模一样了。

达尔文之所以格外重视人工选择的过程，是因为它能生动地反映出在面临外界压力的选择时，生物不仅会发生变化，这些变化还会在繁殖的过程中被传递给下一代，这对于推翻当时流传的那种“生物恒定不变”的旧理论是一个绝佳的武器。通过人工选择的过渡，人们在理解自然选择的伟大力量时，就不会那么费劲了。

真有趣

如今作为全球最主要的粮食作物——小麦，其实原本是不存在的，你知道它是怎样诞生的吗？

2

残酷的斗争——自然选择的本质

通过对人工选择的观察和研究，达尔文验证了自己长期以来坚信的观点——物种是可变的。仅仅通过短期的人工选择，家禽、家畜和农作物就转变成了许多截然不同的品种（这个词汇特指人工选择所产生的生物品类），这也让达尔文有了更充足的信心去揭开自然界中物种诞生之谜。但在这个时刻，一个巨大的难题突然出现在达尔文眼前——人工选择的起点当然是每个生物身上都会出现的变异，但变异本身并不会导致新品种的出现，人们根据自己的需要对这些变异有选择性的引导，才是最终导致这些生物和它们的野生祖先出现差异的根本。可是在自然界中，又是谁去引导这些变异的呢？

为了解决这个问题，达尔文陷入了长久的思考，而此时，他的健康状况也每况愈下，今天的医学家们根据达尔文当时的症状推测，他可能患有严重的乳糖不耐受症或更严重的克罗恩病（这是一种慢性肠道疾病），总之，他不得不停下学术研究工作前往苏格兰疗养。

苏格兰的田园风光让达尔文沉醉，但脑海中关于野生生物起源的谜团依旧困扰着他。穷极无聊之下，达尔文尝试阅读书籍来散心，谁也没有想到，朋友赠送的一本和物种起源毫无关系的书，居然成为了启发达尔文解开这个关键谜团的明灯。

这本至关重要的著作就是《人口论》，其作者托马斯·罗伯特·马尔萨斯是当时著名的人口学家，马尔萨斯在书中提到，随着人们不断生下婴儿，整个社会的人口会越来越多，但在一定时期内，这个社会所能养活的人口是有限的，因为食物的产量很难快速增加，医疗的水平也不会大跨越地进步，社会福利也无法为快速暴涨的人口提供保障，这就必然会导致社会的崩溃和资源的枯竭，由此带来的暴乱、战争和瘟疫，又会消灭许多人口，使得人口总数回落到社会能承受的程度。

达尔文在阅读《人口论》的时候，不仅为马尔萨斯的新观点所吸引，也突然领悟到了一个关键的点——和人类通过繁殖增加人口的方式一样，野生生物的数量也一定会成几何倍数增长，甚至对于许多繁殖力惊人的野生生物来说，这个速度会更快。一只小小的老鼠，只需要几个月的时间就能从幼崽长到性成熟，而一旦它开始交配繁殖，就能以几个星期一窝、每窝四五只的效率连续不断地生育很多年，而当它的孩子们长大到性成熟之后，也会成为这支繁殖大军中的新成员。要是按照这个理论延续下去，甚至不需要几百年的工夫，这个世界就会被老鼠挤满。实际上，今天的我们都知道，许多动物的繁殖能力甚至比老鼠更为强大，比如那巨大的翻车鱼，它每次繁殖都能生下近 3 亿枚鱼卵，照此下去，即便是辽阔的海洋，恐怕也很快就会被翻车鱼填平咯！

达尔文意识到，没有出现这些现象的原因，其实和马尔萨斯在书中提到的解释是共通的——整个自然界所能承受的生物数量是有

限的。我们假设有一座狭窄的小岛，岛上的植物只能生产出维持10只老鼠食用的果实，岛上的淡水也只能满足10只老鼠饮用，那么不管生活在岛上的老鼠多么辛勤地繁育后代，它们的数量也不可能突破10只这个规模。

在这个故事里，有限的食物和水源就是抑制生物无限增加的因素，而如果把这个小岛放大成整个地球，这样的抑制因素就会更复杂起来。

达尔文在《物种起源》中提到，“每个物种所能吃到的食物数量（比如我们刚才假设的小岛上的植物果实和淡水），当然为各物种的增加划定了一个极限，但决定一个物种的平均数（的关键），往往不在于食物的获得，而在于被其他动物所捕食。”

要理解达尔文的这句话，就不妨再回到刚才所提到的翻车鱼的故事上来。我们都知道，人类的婴儿出生之后，会受到爸爸妈妈，甚至爷爷奶奶等全家人的照料，直到我们18岁成年之前，都无需为自己的生活烦忧，如果按照这个道理，每当翻车鱼妈妈生下3亿只卵，这3亿只卵又都孵化出小鱼，面对着3亿张嗷嗷待哺的小嘴巴，翻车鱼妈妈想必应该是非常崩溃的。

但其实翻车鱼妈妈并没有这个困扰，因为它们生下鱼卵之后，就马上潇洒地晃动着鱼鳍走掉了，而鱼卵就被遗弃在海水里自生自灭。成片的鱼卵吸引了许多类似于沙丁鱼这样的小鱼前来觅食，这一场鱼卵盛宴过后，3亿枚鱼卵中的一大半就已经被消灭掉了。而剩下的那些侥幸逃离鱼口的鱼卵里，又有一些因为漂到了更深的海水中，无法享受到阳光的温暖而孵化失败，最终能破卵而出的小翻车鱼恐怕就只剩几千条了。

刚孵化的这几千条小翻车鱼的长度只有2毫米，为了保护自己，它们的身上长着坚硬的棘刺，但这根小刺对于对于许多海鸟、鱼类来说都不算特别大的麻烦，而当它们长得更大一些时，能不能游动得更快，就成为是否能从天敌嘴里逃命的关键——一些小翻车鱼捕食的效率更高，充足的营养让它们的肌肉更健硕，鱼鳍也能更有利地推动身体前进，反观那些营养不良的翻车鱼，则会被凶猛的肉食鱼和海狮杀死。在如此残酷的自然法则下，只有不到 30 条小翻车鱼能活到成年。

我们可以看到，在翻车鱼从鱼卵到成年的十几年时间里，几乎每一天都在和残酷的自然做斗争，天敌的制衡是控制它们数量的一个重要因素。实际上，在被天敌制约的同时，翻车鱼本身也成为制

约其他生物的天敌，它们幼年时期采食的浮游动物和成年时期采食的水母，也被翻车鱼抑制，这种食物链的存在成为自然界中各个物种平均规模没有突飞猛进增涨的原因。

实际上，生态链条中各个物种之间的相互抑制比翻车鱼的例子还要复杂，许多物种之间的制约甚至都不是依靠捕食与被捕食的关

系来产生的。达尔文提到，他花园中的一种红三叶草必须依靠英国本土的土蜂来授粉，因为其他蜜蜂的嘴部结构都无法接触到这种三叶草的蜜腺，但土蜂的数量却又受到老鼠的制约，因为老鼠喜欢破坏土蜂的巢穴来寻找蜂蜜。达尔文假设说，如果全英国的猫、蛇或黄鼠狼等老鼠的天敌都灭绝了，那么老鼠的数量就会不可抑制地上升，这些老鼠最终会将土峰的巢穴毁坏殆尽，而失去了土蜂的授粉，红三叶草也会因为失去繁殖的能力而走向灭绝。在这个例子里，老鼠并不会直接啃食红三叶草，但老鼠对红三叶草却产生了抑制，反过来说，猫、蛇和黄鼠狼并没有刻意地帮助土蜂和红三叶草，但它们对老鼠的抑制却又帮助了土蜂和红三叶草的生存。

生物在生活的过程中，为了生存下去而对抗环境和其他生物的不利因素的过程，就是达尔文所说的生存斗争。达尔文认为，生物的不断繁衍是一个现实，而阻止它们产生那种不可控的数量增长的唯一可能，就是因为有大量生物在生存斗争的过程中败下阵来。这让他想起了那些人工选择中的例子——当农夫想要培育一种尾部羽毛更长的公鸡时，他只会把小鸡里羽毛更长的那一些用来作为培育下一代的良种，而那些平平无奇的小鸡就被筛选掉了，这些人工选育过程中被忽略的“无用者”，和自然界中生存斗争的“失败者”完全就是一回事。

得益于这些思考，达尔文终于窥探到了影响自然界中生物演化的重要动力——他将其命名为自然选择。不过，达尔文非常严谨地重申到，自然选择这个名字只是为了方便而采用的比喻用语，和人们有意识、有目的性地开展的人工选择完全不一样，自然界并不会带着某种目的去对生物进行选择，也没有一个神在根据自己的爱好选择自然万物的种种变异。自然选择的唯一目的只有一个，就是这

种生物要适应它所生活的环境，不能适应的那些就会被残酷的自然斗争淘汰掉，而适应的那些就可以生存下来并繁育后代，将自己对自然的适应能力传递下去。

根据这一宗旨，达尔文还刻意避免了将自己的学说等同于“进化”的说法，进化意味着生物朝着一个更强、更全能、更高等的方向前进，但在达尔文看来，这却并不一定是更能适应环境的。他回忆到自己在马德拉群岛上观察到的昆虫的例子来解释这种区别。当达尔文来到这片位于大西洋上的岛屿时，他很快就被岛上生活的昆虫所吸引——不同于其他地区的昆虫，这里的昆虫翅膀大多已经退化，其中的许多更是彻底失去了飞行的能力。如果放在普通的环境里，既能飞又能爬的昆虫当然比不能飞只能爬的昆虫本领更大，它们出色的飞行能力能让自己到更远的地区觅食。但在马德拉群岛却并非如此，这片岛屿常年呼啸着凌厉的海风，昆虫背上的翅膀极大地增加了风吹过时的受力面积，这些拥有健全翅膀的昆虫也因此被海风卷走。长年累月的海风就是一种典型的生存斗争因素，唯有偶然产生了适应这种环境的变异的物种——也就是那些翅膀更小的昆虫——才能生存下来并留下后代，当漫长的岁月过后，这些昆虫的

后代又不断被大风筛选着，最终导致了岛上的昆虫几乎全都失去了飞行的能力了。

自然界中的许多例子都验证了达尔文自然选择学说的正确性，但当他把目光投向生活在亚洲热带地区的孔雀时，却立即陷入了新的难题。这些孔雀的雄性长有一副巨大的尾巴，虽然这些长羽毛看起来如此雍容华丽，但要长出这样的羽毛显然会消耗大量的营养，更关键的是，达尔文一点也看不出来这些羽毛对孔雀适应环境有任何帮助，作为一种飞禽，孔雀的飞行能力原本就不够出色，再加上这一副长长的尾巴，雄性孔雀飞得就更吃力了。而在猛兽丛生的地区，雄性孔雀鲜亮的尾巴也不利于藏身。难道自然选择的正确性在孔雀身上失效了吗？

真有趣

“在自然界中，是谁在引导变异”这个难题一直困扰着达尔文，朋友送了一本什么书让他找到了灵感呢？

3

孔雀的尾巴——特殊的自然选择

让达尔文大惑不解的孔雀其实是一种我们并不陌生的生物，在许多动物园中，孔雀的笼舍都是人们喜欢驻足观赏的热门景点。人们之所以喜爱孔雀，很大程度上是因为雄孔雀开屏的习性，在繁殖季节，雄性孔雀常常会将尾巴上的羽毛竖起打开，华丽的尾羽就像一把装点着珠宝的屏扇，极大地满足了人们对美的想象。

尽管达尔文当时还想不通孔雀尾巴存在的意义，但他还是很容易发现孔雀身上的一些特点。和那些美得出奇的雄性孔雀不同，雌性孔雀的样貌可以说是非常朴素了，它们不仅没有那靓丽的长长尾羽，就连身上的羽毛颜色也并不出众。雄性孔雀的长尾巴就是所谓的第二性征，也就是雌性雄性之间除了性器官的区别之外的另一项特征，而由于第二性征的存在，这些物种的雌性和雄性在形态上就出现了差别，就是所谓的雌雄异型，或者又叫性别二态性。

第二性征的存在在生物中其实非常普遍，甚至在我们人类自己身上也有所体现，我们成年男性的胡须和喉结就是一种典型的第二

性征，除此之外，雄性亚洲象的象牙，雄性非洲狮脖子上的鬃毛，以及雄性虎鲸高耸的背鳍，都是它们的雌性同类所没有的第二性征。如果能搞清第二性征的起源，那雄孔雀的尾巴谜团不就迎刃而解了嘛！

其实早在研究人工选择的过程中，达尔文就已经注意到了一些动物的第二特征被人为选择的现象。其中最为显著的一个例子就是家鸡，说来也巧，达尔文的爷爷伊拉斯谟斯其实正是提出家鸡是由来自亚洲的红原鸡驯化而来这一正确结论的第一人。达尔文发现，红原鸡就是一种典型的雌雄异态生物，雄性红原鸡凶猛好斗，它们的尾巴长度也远长于雌性，而在每个清晨，雄性红原鸡还有打鸣的习性。而这些特点在红原鸡被驯化后，经过人工选择的过程被不断地放大——人们选择那些好斗的家鸡培育出了斗鸡，又培育出一些尾巴更长更靓丽的家鸡来为服装业提供羽毛，还培育了嗓门更大的家鸡来报时。既然人工选择可以不断强化动物的第二性征，那自然选择的力量当然也能做到这一点。

但自然选择是以什么方式筛选并最终导致生物的第二性征演化出现这么明显的差异呢？达尔文提出了一种新的思路——性选择。

达尔文注意到，许多一夫多妻制的动物总是会在繁殖季节发生争斗，比如鹿，每当繁殖季节临近，雄性的鹿总是一改往日的胆小和温顺，变得格外好斗起来，雄性的鹿会互相用角撞击，直到其中的一头认输为止，而获胜的那一头则可以垄断附近母鹿的交配权。

鹿类的角在大多数情况下都是一种典型的第二性征，现存的四十多种鹿里，除了雌雄都有鹿角的驯鹿，以及雌雄都没有鹿角的獐之外，其余的鹿的角都只是成年雄性所独有的。人们最开始猜测，尖锐的鹿角可能是鹿抵抗天敌的武器，但这种说法却很难得到证据的支持。一方面，人们在观察野生鹿的生活时不难发现，只要有天敌出现的踪迹，鹿就会本能地掉头逃窜，几乎从来没有用鹿角进行过正面反击；另一方面，如果鹿角是鹿抵御天敌的工具，那么没有鹿角的雌性应该就会有更大的概率被吃掉，但事实却并非如此。达尔文认为，鹿角这种特殊的工具，在鹿的一生中的其他时间里几乎没有用处，它似乎是专门为了求偶决斗而生的，而如果一头雄鹿没有鹿角，哪怕它体格再强壮，也会由于无法赢得这种决斗而失去交配权。

达尔文认为，鹿角的产生就是一种典型的性选择的结果。普通的自然选择——比如对食物匮乏、温度变化、天敌捕食等生存斗争的适应过程中，生物总是以活下去为基本目标，因为只有活到性成熟的个体才能拥有繁殖的机会，这些选择会使得生物朝着适应本地食物、躲避本地天敌、提升抵抗疾病能力等角度发生变化，但这种筛选应该是同时作用在雄性和雌性身上的，所以无法解释为什么雌性没有鹿角这一现象。只有性选择是只发生在交配季节而且需要让雄性利用鹿角这个特殊武器来完成的，这样一来，拥有更强大鹿角的一方就拥有更大的概率获胜，它也就有更大的机会留下自己的后代，而导致它鹿角更强大的这个变异也就有更大的概率保留下来。

达尔文还发现，性选择的方式其实并非只有两只雄性硬碰硬地正面挑战这一种，在乘坐小猎兔犬号环球航行的过程中，南美地区的鸟类的求偶方式给他留下了深刻的印象，“圭亚那的岩鹟、极乐鸟以及其他鸟类，常常集合成群，雄鸟一个个的在雌鸟面前，很殷勤地用最好的姿态来炫示它们艳丽的样貌，并表现出滑稽的神情，雌鸟站在旁边观察，随后选择最有吸引力的配偶”，随后，他又注意到一些喜欢通过鸣叫声求偶的鸟类，那些歌声更洪亮婉转的雄鸟，

总是更容易获得雌性的青睐。

这显然和鹿用角决斗的方式有明显的区别。鹿的性选择是通过雄性一对一的搏斗来一分胜负的，获胜者自然的就得到了雌性的交配权，达尔文把它命名为雄性主动型性选择。而鸟类求偶的方式是由雌性主动挑选雄性，所以又被叫作雌性主动型性选择。

但要解释雌性主动型性选择，就没有雄性主动型性选择那么简单了。雄性之间互相搏斗的过程，很容易就能区分两头雄性哪个更强壮、更健康，可鸟类仅仅通过观赏艳丽的羽毛、优美的舞姿，或者倾听婉转动听的鸣叫，怎么就能选择到更好的配偶呢？难道更优美的雄性就能代表它更能适应环境吗？

达尔文在当时并没有提出一个非常合理的解释来说明这种求偶行为，正如同他无法解释孔雀的尾巴为什么要长得那么奇怪一样。所以当他把还没完善的性选择理论公布于世后，关于雌性主动型性选择的部分也招来了许多争议。其中，他的好友、几乎和他同时提出物种起源思想的华莱士的反对意见最有代表性。

华莱士首先批评了达尔文对鸟类性选择的描述方式，他指出，达尔文总是提到优美、艳丽、动听之类的词汇，好像鸟类选择配偶的过程就是一场选美大赛一样，这显然是不对的。鸟儿在繁殖季节鸣叫、跳舞的原因，只不过是因为亢奋而精力充沛无处发泄的结果。但华莱士只是提出了意见，却没有给出合理的建议，他也无法解释为什么许多生物要演化出那么夸张的第二性征。

关于性选择的争论甚至一直持续到了达尔文逝世后的许多年，直到 1920 年代，由于对性选择知识的不断积累，人们才重新开始审视这一学说的价值，性选择学说的解释也变得越来越丰富合理起来。

原来，性选择的确如达尔文预料的那样属于自然选择的一个特

殊情况,它存在的价值也的确是为了让雌性更方便地筛选出更健康、适应力更强的异性。

比如鹿的角。雄性的鹿角在每年春季开始生长，遍布在刚萌发的鹿角上的是许多微细的血管，显然，鹿角的生长需要通过这些血管来运输营养，我们可以想象，一副巨大的鹿角完全长成需要消耗这头雄鹿体内的许多营养，而为了赢得鹿角对决，这头雄鹿还需要摄取大量的食物来让自己的体格变得健硕，在冬季鹿角脱落之前，它还需要头顶着这副沉重的鹿角逃避许多天敌的追击。当一头雄鹿赢得决斗后，它就用这种简单直接的方式直接证明了自己的健康和强壮，而和它交配的雌鹿所生下的后代，也有更大的几率继承爸爸的这副健康体魄，当然在这个过程中，爸爸的那副大鹿角的变异也同时流传了下来。

鸟类通过跳舞或鸣叫求偶的方式也有同样的深层意义在里边，雌性鸟类对羽毛是否美丽其实并不在乎，但在雄性长出艳丽羽毛的过程中，皮肤上的毛囊需要提供大量的营养，而一只长有艳丽羽毛的雄性显然营养更充足，这就表明这只雄性拥有更好的捕猎技巧，对于许多鸟类而言，孵蛋和哺育的过程中都需要雄性外出觅食，一

只拥有更高超觅食技巧的雄性显然更有助于后代的健康成长，这当然也是一种更能适应环境的体现。

甚至有些鸟类的性选择方式以及演化的方式格外奇怪，比如园丁鸟。雄性园丁鸟会满世界地寻找一些稀奇古怪的物品来装饰自己的巢穴——有可能是贝壳、有可能是小花、有可能是其他鸟类的羽毛、甚至还有可能是人类丢弃的塑料或玻璃，它们将辛苦搜集来的装饰物散布在自己的鸟窝旁，静静地等待心上人的检阅。这种行为并不是因为园丁鸟对鸟窝的装潢有着独特的品味，而是在用这种方式向雌性证明——既然我搜集这些无用的装饰物的能力都如此强大，那么我寻找食物的能力还会差吗？

生活在海岛上的蓝脚鲣鸟在求偶季节会踱步到雌性面前，不断地抬起自己的一只脚来，好像在跳一曲求偶的舞蹈，其实不然，蓝脚鲣鸟抬起脚来只是为了向雌性炫耀自己脚掌上浓郁的蓝色。和其他所有鲣鸟一样，蓝脚鲣鸟是一种纯粹的海鸟，它们的主要食物是海中的沙丁鱼，而这些鱼类的肌肉中富含类胡萝卜素——比如虾青素，来自沙丁鱼体内的类胡萝卜素在进入蓝脚鲣鸟体内后，与一些特殊的蛋白质结合，才形成了它们独特的蔚蓝色的脚蹼。一只雄性蓝脚鲣鸟的脚蹼颜色越蓝，就越能代表它吃得很好、营养很充足，相应的体格也自然会更强健，而它娴熟的捕猎技巧，自然也会给后代提供源源不断的充足的食物，这样的雄性当然能赢得美人心了。

而让达尔文百思不得其解的孔雀，其实也是在用同样的方式展现自己的适应力有多么强大。如同达尔文所想象的意义，孔雀的羽毛对它们的飞行和躲避天敌毫无用处，但正是这些负面影响，反而成为雄性孔雀炫耀自身强健体魄的方式，当它们展开尾羽向雌性示好时，无疑是在传递这样一个信息——你看，我拖着这样庞大又累赘的尾巴，依然可以活得很好，我的觅食能力还可以保证尾巴如此鲜亮，我对环境的适应能力是多么的强大啊！

正是通过这些千奇百怪的求偶方式，雄性在向雌性展现着自己强大的适应能力，而这样的展示也被雌性所接受，这些拥有比同类更大的鹿角、更蓝的脚蹼、更华丽尾巴的雄性，也就因此获得了更多的繁殖机会，它们的第二性征便被这种性选择不断地筛选，变得越来越突出和明显了。

真有趣

达尔文的哪位好友反对关于他“雌性主动型性选择”部分的理论呢？这位好友是怎样反对的？

读者可加入阅读打卡群
领取奖励爱上读书

4

大自然的“喜好”

在达尔文研究人工选择培育家畜、宠物和农作物的时候，他很清楚这些生物之所以变成这副和野生祖先完全不同的样子，是为了满足培育它们的人类本身的需求，人类的需求也就是人工选择过程中唯一的标准，比如我们需要更高产的小麦，产毛更多的绵羊，样貌更奇特的猫狗宠物等，但在自然选择的过程中，大自然可没有这些“特殊偏好”，那么它在进行选择的时候，秉承的标准是什么呢？

答案只有一个，那就是物种的变异是否有利于它们的生存。

辣椒是我们厨房里常见的调味品，我们大多体会过被它们辣得眼泪直流、手足无措的感受。或许有读者会认为，辣椒的辣是我们人工选择的结果，但其实不然，辣椒之所以辣，完全是自然选择的产物，而它为什么进化出这种辣味，则是解释自然选择筛选标准的一个绝佳的例子。

我们都知道，对以种子繁殖的植物来说，尽量的把种子撒播到更广泛的区域是一项很重要的任务，因为如果所有的种子都聚集在一起，它们就会互相争夺阳光和养分，而且如果这片区域遭遇了洪涝或干旱气候，那对于这个植物家族来说就等同于灭顶之灾，所以有些植物依靠自己的能力完成这一目的，比如蒲公英让种子随风飘荡；一些植物利用其他生物完成这个目的，比如苍耳，它的果实上有许多钩刺，可以挂在路过的动物的毛发上到处游走；还有许多植物，采取了“贿赂”的方式来播种，最常见的就是桃子、杏子、樱桃这一些水果，它们的果肉甜嫩多汁，种子却被坚硬的核保护，许多动物被果肉吸引而来，吃完果肉之后，就把核随意丢弃，无意地帮助它完成了播种。

野生的辣椒，采取的正是类似于桃子的这种播种策略。

但是辣椒和桃子可是有着本质的区别的，桃子甜美多汁，而对于糖分的渴求，是许多动物（包括我们人类自己）的天性，这就导致有许多动物会乐于帮助桃子完成这项播种的工作，但辣味却足以吓退这些播种者，如果辣椒希望其他动物帮助自己播种，它应该演化出更为甜美的果实才对呀？

别急，我们要解开这个疑惑，首先得弄明白辣椒为什么会让你有辣的感觉。

虽然辣椒早已取代了茱萸、花椒，成为六味中“辛”的代表，但严格地说“辣”并不是一种味道，而是一种感觉：辣椒含有一种叫做“辣椒素”的生物碱，这种辣椒素可以和我们哺乳动物体内感觉神经元的香草素受体亚型 1(VR1) 结合，从而产生一种灼烧的感觉，这就是我们所谓的“辣”。

但值得注意的是，对于鸟类而言，它们的体内缺乏对辣椒素敏感的受体，所以鸟类也就完全感觉不到辣。哺乳动物和鸟类对辣椒素的不同反应，造就了一种微妙的、对辣椒本身而言非常有利的情

况：我们知道，辣椒的种子很小且稚嫩，并没有像桃核一样坚固的外壳保护，如果辣椒果实被哺乳动物采食，大部分的种子就会被哺乳动物所普遍具有的臼齿——也就是我们的后槽牙——研磨破碎，失去活性。而辣椒恰好演化出了辣椒素这种物质，辣椒素又恰好可以使哺乳动物产生不适的感觉，这样一来，绝大多数的哺乳动物根本就不会去碰辣椒。反而是没有牙齿的鸟类，可以肆无忌惮地啄食辣椒果实，随后，无法被鸟类消化道消化的辣椒种子就随着鸟粪被排出，顺利完成播种大业。

实际上，鸟类不能感受到辣味的秘密是最近几十年才被我们人类发现的，很显然，辣椒也不会知道哺乳动物和鸟类对于辣味感受能力的差别，那它们是如何演化出这套策略的呢？

我们可以猜测，辣椒的祖先很可能并没有今天这么辣，它也很可能会长出那些备受欢迎的甜美的果实，但这些果实被哺乳动物大量采摘并吃掉之后，那些被后槽牙碾碎的种子自然也就没有被播种的可能了，这种自然选择导致了长出甜美果实的辣椒被淘汰。而另一些偶然间变异出辣味的辣椒，就意外地吓退了哺乳动物，并借助着鸟类这一播种者发展壮大，成为了今天的主流。

在这个例子中，辣椒的辣与不辣，来自完全随机的变异，这些变异的基因最终被哺乳动物和鸟类筛选，导致了只有辣的这一支笑到了最后。反过来我们看看哺乳动物和鸟类，对这二者而言，它们对辣椒素的感受程度的差异，则是无关紧要的变异，这种变异并没有影响哺乳动物和鸟类的生存，所以也就没有被筛选掉。

除了哺乳动物的压力之外，辣椒变得越来越辣，和一些真菌也有关系。在南美洲玻利维亚生长的一种野生辣椒，生长在干燥地带的那一些并没有显得特别辣，而在潮湿地带生长的同一种辣椒，却

基本只结出非常辣的果实。这是为什么呢？原来在潮湿地带有一种可以腐蚀辣椒果实的真菌，而辣椒素对这种真菌有抑制作用，那些不是特别辣的辣椒因为没有足够的辣椒素可以对抗真菌，果实就被腐蚀烂掉了，也就没有机会传宗接代，自然也就越来越少，而干燥地区不适合这种真菌生存,所以不辣的辣椒也有机会播种生存下去。这又是一个自然筛选的过程。

还有一则比辣椒更神奇的故事，则是发生在北美，这则故事的主角，是我们最熟悉不过的一种小昆虫——蝉。

蝉可以说是构建了我们对于春夏季节的声音记忆里最为重要的组成部分了，在每个昏昏沉沉的午后，总有那么几只蝉躲在树叶下，用丝丝蝉鸣伴我们入眠。这种场景自然美好，但，如果把这个基数放大到几百万，甚至上亿只蝉，那恐怕画面就变得有些惊悚了。

这种鼓噪的场景，正是发生在美国东部部分地区的真实写照，

而这种短时间内大量出现的蝉，就是北美地区特有的13年蝉和17年蝉。

喜爱自然的读者们想必知道，蝉是一种生活周期很独特的生物。在每年的夏末秋初，成年蝉在树枝上钻洞产卵，蝉的幼虫孵化之后，就会掉落到地上钻进土里，一边吸食树木根部的汁液，一面静静地蛰伏。根据各类蝉的不同，有的蝉会在土壤里蛰伏一两年，还有的会蛰伏十几年。终于在多年之后，长大的若虫在某个夏夜破土而出，经过蝉蜕、羽化，变成会飞行的成年蝉。

在我们惯常的认知里，我们每年都可以见到蝉，每年的蝉总量也大致均衡，这是因为大多数蝉每年都有新的卵孵化，每年也有成熟的蝉破土而出——比如一种蝉需要在土壤中蛰伏3年，那么我们2017年可以见到出生于2014年的蝉，2018年可以见到出生于2015年的蝉，2019年可以见到出生于2016年的蝉。

但在美国东部的一些地方，有7种蝉却并不是这样——它们总是在同一年产卵孵化，然后在土壤中静静地蛰伏13年或17年，直到某一年又同时破土而出。而在这13年或17年中的任意一年，你完全看不到它们的踪迹！在2016年就有这样一种蝉出现在美国马里兰州，而直到2033年，马里兰州才会再次出现这种周期蝉。

因为这样奇特的习性，这7种蝉被称为周期蝉（Magicicada），它们只生活在北美东部，其中4种13年蝉主要分布在美国东南部，3种17年蝉主要分布在美国东北部及加拿大部分地区。“周期”的意思，就是指的它们会严格遵循某个周期集中出现。

周期蝉的这种周期性集中出现的现象十分引人注目，由于所有的蝉都集中在某一年集中出现，导致它们的总量看起来非常惊人：在周期蝉出土的年份里，你一铁锹挖下去，都能挖出几百只蝉蛹，而每棵树上，更有几千只周期蝉在不断地向上攀爬，其密度可以达到每英亩（大约换算成中国的 6 亩多一点）150 万只之多！这一壮观景象可把第一批来到北美的欧洲殖民者吓坏了，也引起了包括富兰克林在内的学者们的高度兴趣，他们马上着手研究，试图搞清楚为什么这种蝉和其他蝉如此不同。

第一种观念认为，这些周期蝉起源于 180 万年前，在那之后北美出现了多次冰期，在冰期会不规律地出现寒冷的夏季，虽然蝉蛹躲在土中可以躲避严寒，但如果在冷夏出土，蝉就会冻死，出土周期较长的蝉，可以减少族群暴露在地面上的概率，最大可能地避开了这些冷夏。有研究表明，如果假设在 1500 年的时间里，每隔 50 年左右出现一次冷夏，那么，每 7 年出土一次的蝉，只有 7% 的概率可以躲开冷夏幸存下来，每 11 年出土一次的蝉，只有 51% 的概率可以躲开冷夏幸存下来，而 17 年蝉，则可以有 96% 的概率躲开这些寒冷的夏天！

我们可以假设，这种周期蝉的祖先，可能并不遵循这样的周期，但它们的后代中偶然出现了一些需要更长年份才会出土的个体，按照常理来说，这会导致这些蝉的繁殖周期拉长，原本是一个不利的变异，但在北美这种冷夏的选择下，这种看似不利的变异反而成了它们存活下去的优势，长久的筛选之后，生命周期很短的其他蝉可能都被冻死了，只有生命周期很长的蝉才存活下来并留下了后代。

可是为什么这些蝉只在固定的周期才会出现呢？我们还可以用 2016 年出现在美国马里兰州的 17 年蝉为例子。它们的祖先，很可能也和其他蝉一样，每年都会出现，每次出现的都是 17 年之前出生的蝉，但每 17 年出现一次的蝉毕竟也有 4% 的概率会遇到冷夏，可能在这漫长的冰河期内，其他的周期蝉也很不幸运地遇到了 4%

的小概率事件，被寒冷一窝端了，只有这一组幸存至今。

我们可以看到，周期蝉的生命周期如此的长，可能是在环境的筛选之下，被逼出来的，但是环境的恶劣也是有限度的，可能北美东北部的气候恶劣程度，刚好可以让 17 年以及 17 年左右的蝉幸存下来。尽管我们推断当时也可能演化出了 20 年、30 年周期的蝉，但昆虫的寿命也是有极限的，很难保证这些蝉都能活这么大的岁数，一边是气候的恶劣，一边是寿命的衰减，很可能刚好到了 17 这个年份的时候，生存率也保证了，蝉也没有老死病死得太多，两者达到了一个微妙的平衡。相应的，我们可以看到，13 年蝉居住的区域更为靠南，冷夏的威力更小一些，所以 13 年就已经有了很高的生存概率，平衡也达到了。

但是！这里有一个关键的问题：既然 17 年蝉可以幸存，为什么 16 年蝉，18 年蝉没有存活下来呢？它们躲开严寒的概率，以及活到这个岁数的概率都应该和 17 年差不多。

这就催生了第二个理论——周期蝉的周期性，还可能与天敌有关。

我们继续以马里兰州的这一群周期蝉为例，它们在 2016 年出土，数量多达几十亿只，这可把当地的鸟类、小型哺乳动物和爬行动物乐坏了，这满地都是美食，吃也吃不完，一直困扰这些蝉的天敌的食物短缺问题就这么彻底解决了。这导致天敌数量的暴增，因为原本会被饿死的蝉的天敌饿不死了；原本天敌一窝生多个后代，因为食物不足只能养大一个，现在食物充足，多个都活了。

我们知道，野生动物的繁殖，受到食物的影响很大，在食物充足的情况下，很多动物都会大量繁殖，幼崽也有一个很高的存活率。在周期蝉出来的那一年，许多蝉的天敌也从中渔利，生了很多后代，这些后代也顺利长大。但周期蝉的出土周期这么长，这些“超生”出来的天敌，很可能等不到周期蝉下次出土，就饿死或老死掉了，这样周期蝉下次出土的时候，天敌的种群数量又恢复到了正常水平。

但有一些天敌的数量回落，却需要一定的周期。一些动物有自己的繁衍周期，假设一种天敌要 6 年才能性成熟繁殖，它的后代又要 6 年之后才会性成熟繁殖，虽然因为没有周期蝉吃，它们的种群数量一直是在回落的，但由于加入了繁殖这个因素，它们的种群衰落速度可能还没有那么快，这样到了繁殖到第三代的时候，其种群数量可能还是比当年的第一代要多，而很不凑巧的是，18 年的周期蝉又出现了！天敌们又是大吃特吃，第三代天敌生下了海量的第四代天敌。也就是说，这种天敌的种群数量虽然会以 18 年为周期下滑，但每过 18 年，都会迈上一个新的高度，长远来看，这种天敌的总数还是在上涨的，涨到一定的程度，就有可能把周期蝉吃得越来越少。16 年蝉也是同样的道理，它很可能被一种 8 年繁殖一代、4 年繁殖一代、甚至 2 年繁殖一代的天敌吃绝种。

而 13 年蝉和 17 年蝉，又幸运地避开了这个可能性。因为 13 和 17，恰好是两个质数，什么是质数呢？也就是只能被 1 和它自己本身整除，也就是说，除非你每年都繁殖，或者正好 17 年繁殖一代，否则周期蝉几乎不会和你的繁殖年份重叠，如果天敌 2 年繁殖一代，那周期蝉只会在 34 年之后才会遇到它的繁殖期，而对于许多生物来说，34 年是一个不可想象的漫长岁月，老的天敌早已死去，种群数量也早已下滑。

这也是为什么会有很多学者把周期蝉戏称为——懂数学的蝉——的原因了。

就像辣椒并不懂得哺乳动物和鸟类对辣味感受的区别，周期蝉当然也并不会数学，真正在使用精妙的数学工具的是大自然。实际上，在这蔚蓝星球上，像辣椒和周期蝉这样的奇妙存在，定然不在少数，铸造它们神奇之处的，就是那无处不在的自然选择。

真有趣

什么动物感受不到辣味呢？为什么有许多学者把周期蝉戏称为“懂数学的蝉”呢？

第三章

谜中之谜：物种的诞生

1

无处不在的变化——变异

当我们了解了人工选择，自然选择，以及特殊的自然选择——性选择的基本知识之后，就很难忽视这几个词汇里的共同点，它们都是某种选择。什么叫选择呢？顾名思义，选择是要在很多个选项里选取其中的一个或几个，这就好像我们的妈妈给我们准备了一顿丰盛的晚餐，当餐桌上摆放上十种菜的时候，我们就可以选择其中的一个或几个来吃掉——当然，为了营养均衡，我们当然还是不要挑食，全吃掉才是最好的。可是，如果餐桌上只有一个菜，那我们就只能吃一个菜，也就谈不上选择了。

所以，在物种起源这个大“餐桌”上，也一定有许多“菜”可供挑选，只不过，人工选择是按照人们的喜好来选取自己所需要的那些“菜”，而自然选择是根据是否符合适应环境、保障生存和繁衍的需要，把不利的“菜”筛选掉，留下有利的“菜”，而性选择则是筛选出有利于繁衍的“菜”而已。

现在我们已经知道了在物种起源这个大“餐桌”上选“菜”的

标准，但这些“菜”又是什么呢？这就是变异。

在达尔文研究人工选择的时候，他就敏锐地注意到许多家养生物的个体之间会出现许多不同的变化：同样是一颗开红色花的植物所结的种子，再种出的新植物所开的花的颜色可能就有所区别——它们有的和妈妈的花一样红，也有的会更红一些，还有的却变成了粉红；同样是一只绵羊生下的小羊羔，有的羊毛变得更长，有的却变得更短。达尔文认为，生物的每一个个体都是独特的，不同个体之间产生这些区别的原因就是变异，而这些变异大多数是可以遗传的，因为只有这样，人工选择才能挑选这些变异并且不断地强化它们，最终选育出更符合人们需求的品种。

在自然环境下这样的变异例子也屡见不鲜，在达尔文跟随小猎兔犬号环球漫游的时候，他就察觉到了许多生物不仅在个体间存在变异，甚至一些相差并不明显的“变种”或许就是由于这些变异而产生的，比如那些生活在加拉帕格斯群岛上的、以达尔文的名字命名的雀鸟。达尔文带回的 13 种雀鸟的标本上有着鲜明的共同特征，而这些雀鸟和达尔文在南美洲见过的另一些雀鸟也肯定有着千丝万缕的联系，他相信，加拉帕格斯群岛上的雀鸟正是由南美洲的一种雀鸟通过变异而产生的。

可这些变异产生的原因，达尔文却并不清楚，在他的书中，达尔文也毫不避讳地承认了这一点。其实这也不能怪他，在达尔文开始研究的那个年代，人们并没有关于变异和遗传的知识储备，日后揭开了变异谜团的孟德尔虽然已经通过豌豆试验初步揭开了变异的原理，但孟德尔的学说在公布于世后却遭到了忽视，直到达尔文去世后，人们才重新注意到了孟德尔的研究。

对孟德尔的研究一无所知的达尔文只能依靠猜测来假设变异产

生的原理。他发现，人工驯化物种发生变异的频率似乎远远快于野生物种，而这两类生物最大的区别就在于环境的稳定与否。和那些常年生活在固定区域的野生物种不同，人工驯化物种生长的环境变化非常剧烈，同样是家鸡，你家的饲养环境和我家的饲养环境就可能差别很大，这种环境的巨大差异或许是导致它们变异得更为剧烈，频繁的原因，由此达尔文猜测到，环境可能是引发变异的一个诱因。

站在今天的角度来看，达尔文的猜测并不能说完全不正确，环境的确可以引发变异，但这些变异却很难被遗传下来，这些变异被称为不可遗传变异，是不会参与到各种选择当中的。而那些可以遗传并最终被各种力量选择的变异被称为可遗传变异，只有这些变异才会被端上自然选择的“餐桌”。

达尔文没搞清楚的不仅仅是变异发生的原因，对于变异是如何传递给下一代的（也就是遗传）这个关键问题，他也没有清晰的思路，但他坚信变异一定是可以遗传的，因为只有通过一代代的繁衍的过程，才能实现自然选择的作用。

达尔文还进一步推断，由于每个生物个体身上出现的变异往往是微小的，这些变异即便传递给了下一代，也不会让下一代和这一代之间立即出现突飞猛进的区别。由变异提供的材料在自然选择的作用下不断筛选，有利的变异被保留下来，不利的变异则被淘汰。而在这个过程中，环境也是无时无刻地发生着变化，自然选择又会继续筛选有利于新环境的新变异，直到经过一个漫长的过程后，新一代的生物所处的环境已经和祖先当年生活的环境大不相同，它们和祖先的样貌、习性也就出现了明显的区别。

我们只需要看看达尔文这本《物种起源》的书名，就不难猜出他是想要解决物种是怎么产生的这个问题。但当他已经洞察了变异的存在，也了解了自然选择对变异的筛选作用，想要再前进一步研究物种起源这个最终问题的时候，却遇到了意想不到的困难。

比如我们刚才提到的例子，当经过了千百万年的岁月后，地球的环境早已出现了沧海桑田的变化，一种生物为了适应这种变化而被自然选择不断地筛选出有利的变异后，早已经变得和自己的祖先完全不一样了，那么，它应该被视为是祖先那个物种的新样子呢，还是应该被认识为一个和祖先那个物种截然不同的新物种了呢？

这还不是最麻烦的，因为这个物种的祖先很大概率上早就不存在了，也就是灭绝了，它应该属于祖先那个物种还是单独列一个新物种，只不过是一个哲学上的争论而已。然而还有更多的物种，它们的祖先虽然已经灭绝，但祖先的后代也并非只有它们自己——就像我们人类一样，生活在1200多万年前的森林古猿是我们的祖先，也同样是黑猩猩、大猩猩和长臂猿的祖先，也就是说，我们和这些类人猿一样，都是森林古猿为了适应环境而被自然选择不断筛选出有利变异的结果，既然大家都是由一个共同的起点出发，也按照相

同的方式去演化，为什么我们和这些猩猩、长臂猿却走上了截然不同的道路呢？

要解答这些问题，就必须从什么是物种，以及物种是如何产生分化的方向去寻找答案了。

真有趣

揭开连达尔文也承认不清楚的变异谜团的人是谁？你不妨也找找他的故事看看，他也是位超厉害的科学家呢！

2

并不清晰的界限——什么是物种

要了解物种的起源，我们不妨先来看看物种的概念。

什么叫物种？这看似是个不难回答的问题，当我们看到一只鸡和一只鸭的时候，很容易就能认出来这是两个物种，因为它们之间的区别实在太大了，鸡的嘴巴是尖的，鸭的嘴巴是扁的，它们身体的其他结构和生活习性也完全不一样。但如果拿出两种样貌非常相似的植物，比如仅仅是开的花的颜色深浅有细微差别的百合，我们是否能认定它们是不同的物种呢？

这就是关于物种的一个大难题了。自然界生存的生物，自己可不会举着一个小牌牌，告诉我们它属于什么物种。显而易见，物种完全是个人为界定的概念，而如何界定两个生物是否属于同一个物种这个问题，还真是科学上的一个大难题，虽然自从达尔文时代开始，人们就尝试着给物种设定一个明确的定义，但直到今天，依然没有任何一个定义能得到人们的公认。目前流行的物种的定义至少有 22 种，其中的每一种定义都存在着或多或少的缺陷。

人们最早界定生物是否属于同一物种的标准叫做表征种标准，顾名思义，它是根据生物的外表形态是否相似来区分是否是同一个物种的方法，比如我们开头提到的鸡和鸭的区分办法，就是一种典型的用表征种标准划定物种的例子。这也是人们最初认识生物的一种方法，无论是林奈还是达尔文，都是通过对比形态的办法来判断物种的。

但这就存在一个很大的问题，变异的故事告诉我们，即便是同一个物种的生物，它的每一个个体也都是千差万别的，而这种差别

就很容易影响人们对物种的判断。因为每一个生物学家的观点是不一致的，有的人会认为某两个物种之间的差别只是变异引起的个体差异，它们应当属于同一个物种，而另一位生物学家就有可能因为这些差异而把它们列为两个不同的物种，也就是说，人的主观性是造成这种物种界定方式的不确定因素。

我们举一个例子，假如达尔文从加拉帕格斯群岛带回来一些象龟的标本，对于当时的人们来说，这毫无疑问是一个新物种，因为

它庞大的体型和人们以前认识的所有龟类都不一样。于是，其中的一个象龟标本就会被存放在某个著名的博物馆中，作为人们以后界定其他物种的一个参照物，这个标本也就被称为模式标本（直到今天，当科学家们发现一个新物种时，依然需要保留这样一个模式标本，而其他科学家想要判断自己发现的物种是不是新物种，就必须去和同一类的所有模式标本做对比之后才能得出结论）。

而在此后的某一天，又有一位科学家从加拉帕格斯群岛带回一只新的象龟标本，为了判断是否是新物种，这位科学家就带着新标本来到博物馆，把这个标本和达尔文带回的模式标本摆放在一起仔细对比，他或许会惊讶地发现，自己带回的新标本的指头比达尔文的标本多一个，毫无疑问，这代表着两者有很大的差别，自己发现的可能就是一种新的象龟。但很有可能这个新标本只是一个发生了变异的特例，就像我们人类偶然间长出第六个指头一样，那这个新物种的界定其实就出现了错误。

这样的例子在那些雌雄异型的生物身上更加突出，比如我们常见的鸳鸯，它的雌性和雄性外观就出现了很大的差别，如果我们对这种生物不够熟悉的话，仅仅通过对比标本，就很容易把雌性鸳鸯和雄性鸳鸯误认成两个不同的物种。实际上，这样的例子真的出现过，而搞出这个大乌龙的就是现代生物分类学之父林奈。

尽管表征种标准很容易出现这样那样的问题，但这个标准的优点也是很明显的——它非常简单又实用，人们不需要通过测量DNA 等复杂的程序，仅仅依靠对比外表形态就可以大概地对物种进行区分，所以直到今天，这种方式依然还在被广泛地使用。

不过为了保证科学的严谨性，许多学者也在尝试用更精确的方式来区分物种，比如二十世纪四十年代被提出来的生物种标准。这

个标准的核心思想就是——如果存在相互交配能力，并且能生出可以繁育的正常后代，那这些生物就应该属于同一个物种。

相比于表征种标准，生物种标准显然有着更深的科学性，因为能交配并生下后代的两个生物个体之间一定存在某种遗传上的联系，而不能交配的两个个体一定存在遗传隔离，这可比单纯“以貌取种”严谨得多了。

对于许多外貌形态的差异很难用肉眼察觉的物种来说，这无疑是一种很好的区分方式。比如果蝇，至少有几十种果蝇看起来是一模一样的，但是它们就是无法交配，这就可以采用生物种标准把它们区分成不同的物种。但果蝇的成功案例并不能普及到所有生物上——这种标准的一大缺陷就是太麻烦，我们必须通过把几个个体放在一起交配，甚至要等到它们的后代长大成年后，才能判断这个后代是否还拥有生育能力。果蝇的生长和繁殖速度都很快，采用这种方法不会有什么障碍，但如果是一种需要十几年时间才能性成熟的大型生物，生物种标准就不是那么合适了。

而且，即便是采用生物种标准，也不一定就能精确地区分出不同物种，因为生殖隔离并非是区分是否是一个物种的严格标准。在自然界中，的确就存在着一些明显是两个物种但依然可以正常交配并生下可以繁殖的后代的例子。这种例子在植物中尤其常见，我们常见的粮食作物小麦，和另一种常常用来作为牧草使用的黑麦就可以轻松地完成交配，并诞生出一种可以正常繁殖的新植物——小黑麦。如果按照生物种标准，那么小麦和黑麦似乎可以被划定为同一个物种，然而实际上，这两种植物不仅不是同一个物种，甚至都不是同一个属。

而反过来说，明明是同一个物种的两个个体，也很可能无法符合生物种的标准。我们家养的宠物狗，在生物学标准上其实还是祖先灰狼的一个亚种，它们之间的交配和繁殖其实并没有任何问题，生下来的幼崽也是健康的，但像吉娃娃这样的宠物狗在人工选择的过程中变得体型娇小,如果我们把一只吉娃娃和一头灰狼关在一起，恐怕灰狼很快就会把吉娃娃当成一种小巧的美食吃掉，而绝不会和这个小不点擦出爱的火花。

吉娃娃的例子告诉我们，生物生存的环境对生物有着显著的作用，吉娃娃就是因为生活在一种特殊的环境中（人类审美的环境）才发生了特殊的变化。如果排除了这些环境的差异，只是将同一个生态环境中的形态差不多的生物定义为一个物种。这就是所谓的生态种标准。但由于这个标准忽略了趋同进化的特例，所以现在已经很少使用了。

以上三种界定生物种的标准，在一定时期内都曾发挥了巨大的价值，但单独拿出任何一种来，都很难作为界定物种的一个精确标准。就像我们一开始所说的，直到今天，也依然没有一个最佳的界定物种的标准问世。不过这不妨碍我们采用这三种标准的长处，将它们糅合成一个相对更严谨的物种的概念——物种是一群生殖上不互相隔离，在某种类似的生态环境中，由类似的自然选择形成的，具有相似外貌形态特征的生物个体的总称。

真有趣

谁是现代生物分类学之父？他搞出了一个什么大乌龙呢？

3

达尔文的谜中之谜——物种的形成

达尔文曾经说过这样一句话——“物种的起源是谜中之谜”，这既反映了达尔文对这个谜团的浓厚兴趣，也代表了解答这个问题所需要克服的重重困难。

凭借丰富的知识积累和敏锐的直觉，达尔文已经意识到了变异和自然选择是导致生物发生变化，并最终形成物种的一个原因。但这个过程到底是怎么样的，他还无法直接解释。这是因为物种的形成是需要一个非常漫长的过程的，动辄以百万年计算。在这个漫长的尺度里，任何一个人都无法观察到整个过程。

我们必须承认，达尔文在解释物种的形成这个问题的时候并没有给出一个足够清晰的答案，就像他也无法解释变异的成因和遗传的原理一样，但他最大的贡献在于基于现有知识的合理推测，对于自己所不了解的内容，他也从不盲目自大。在《物种起源》中，他谦逊地留下了这些缺失的部分，寄希望于后人予以完善，这种科学严谨的态度，正贴合了我们中国的一句古训——知之为知之，不知

为不知。

后来的科学家的确没有辜负达尔文的这份希冀，在今天，已经有一个新的概念被提出，它恰到好处地解释了自然选择是如何产生新的物种的，这就是生殖隔离。什么是生殖隔离呢？简单地说，它是因为种种原因导致一些生物不再和另一些生物发生繁殖和基因交流。至于“种种原因”是什么，那就非常复杂了。

马和驴的繁殖所生下的骡子是我们在解释生殖隔离时经常用到的例子。马的祖先是中亚地区驯化的普通野马，而驴的祖先是非洲古代文明驯化的北非野驴，当一个农夫同时饲养了马和驴并将它们关在同一个马厩时，它们就有可能会发生杂交，所生下的后代就是骡子。骡子是一种非常好的牲畜，它既有驴的忍耐力，又有马的高大个头，可以说是结合了马和驴的优点于一身，对于农夫来说，这样优良的牲畜当然是多多益善咯，但是很可惜，骡子并没有繁殖的

能力，这就导致了它的数量是很稀少的。

在这个例子里，就出现了许多个影响生物的生殖隔离原因。比如马的祖先野马是一种生活在亚欧大陆草原地带的生物，而驴的祖先野驴就只生活在北非地区，在没有被人们驯化之前，这两种生物根本不可能遇到对方，也就当然不会出现杂交。这种没有杂交机会的隔离，我们给它起名叫作合子前隔离。而即便我们把它们带到了人工环境下近距离地接触，它们也的确出现了杂交并生下骡子，这个骡子也失去了继续繁殖下去的能力，这种杂交之后依然无法持续的生殖隔离，我们叫作合子后隔离。

自然界中的合子前隔离其实远比马和驴的情况要复杂许多。

马和驴的生活环境不一致而导致的合子前隔离，又叫作地理隔离。我们假设有一群生物原本生活在同一片大陆上，它们之间原本是可以正常地迁徙、接触的，自然也可以相互繁殖和发生基因交流，它们也一直属于同一个物种。但由于地理环境是在不断变化的，一场突然的地震，或者火山喷发，亦或者一条河流的诞生，都有可能把这片大陆分割开来，从此，被这些地理现象阻碍在两侧的同一生物种群就被分成了两个种群。我们已经知道，变异总是随机出现的，当这个物种还同属于一个种群的时候，其中的个体的变异是可以通过不断的繁殖被汇总到整个种群的基因库里的。但现在它们被分成两个种群之后，这种基因交流就被阻断了，两个种群的基因库里的变异也就变得越来越不一样。而且，两片地区的环境也可能出现了细微的差别，自然选择在筛选变异的时候，不仅可供选择的变异材料不一样，选择的方向也出现了差别，当这种差别积累到一定程度的时候，原本属于同一个物种的两个种群就变成了两个物种。

发生在黑猩猩身上的故事就是这种地理隔离的典型代表。很久之前，只有一种黑猩猩生活在非洲的刚果雨林里，然而大约在150—200万年前，一条横穿刚果雨林的刚果河诞生了，这条波涛汹涌的大河把原属于一个物种的黑猩猩地理隔绝成了南部的倭黑猩猩和北部的黑猩猩两个物种，两者随后发生了一些形态上的变化：我们常见的那种黑猩猩头上的毛发是很短的，而且很均匀，类似于男生的“毛寸”，倭黑猩猩却很奇怪，它的头发很长，且有着天然的“中分”发型。更奇怪的是，这两种黑猩猩的习性也发生了许多变化，看起来智慧又温和的黑猩猩，其实是一种攻击性很强的生物，它们不仅经常攻击小型的鸟类和猴子，还会把猴子活生生地撕碎吃掉，对于不同家庭的同类，黑猩猩也丝毫不会手下留情。二十世纪中期，英国生物学家珍古道尔在非洲研究黑猩猩时就发现，不同家庭的黑猩猩之间常常会发生战争，一些黑猩猩甚至会设伏攻击并杀死同类。然而倭黑猩猩的性格就温顺得多，它们几乎不吃肉类，更不会有组织地攻击自己的同类。

那么为什么两者会出现这种差别的？很遗憾，现在依然没有足够有说服力的理论，但有些学者认为，可以假设在刚果河阻隔黑猩猩和倭黑猩猩之后，刚果河南部的自然条件更优厚一些，倭黑猩猩的捕食和生存压力没有那么大，它们的行为也就没有那么激进。而北部的黑猩猩为了生存不得不与同类竞争，高压的环境最终塑造了略显冷酷的性情。

由于河流的阻隔导致的这种地理隔离又被细化为异域地理隔离，也就是两个无法联通的不同的环境导致的隔离。还有一些地理隔离就不是这么明显了，它们之间并没有河流或高山的阻隔，却依然导致了同一物种的分化。比如在许多山区生活的鸟类，由于山谷和山顶的气温、植被都有区别，生活在山顶的这种鸟在高海拔、低

温和植被匮乏的自然环境下被自然选择筛选出了更大的体型（更大的体型可以保障动物们抵抗更低的温度）和更大的肺（以增加呼吸的效率），它们的嘴巴也变得粗大，以啄食山顶生长的针叶林的坚果；而生活在山谷的同一种鸟类，就被不断地筛选出了截然相反的变异——它们的体型更小（更小的体型可以帮助动物们更高效地散热），它们的鸣叫声也更加清脆（因为山谷的树木更茂盛，谷底的山涧流水声音也更嘈杂，通过更清脆的叫声才能方便地找到同类），它们的嘴巴变得越来越宽阔（为了方便啄食柔软的果肉）。我们可以发现，从山谷到山顶之间，并没有什么障碍可以阻挡这种鸟类的互相交流，但就是这样的相邻地区里，处于山谷和山顶两个极端的同一种鸟类就被筛选出了许多不同的变异，长此以往，它们也会变成两个不同的物种，而这种地理隔离就被称为邻域地理隔离。

让我们举一个略显夸张却真实存在的例子吧。2003 年，北京大学的顾红雅教授突发奇想：既然邻近的生态环境的差别会导致物种受到不同的自然选择，那么这个邻近的距离要达到什么程度才能出现明显的物种分化呢？于是她带领团队来到北京郊外的居庸关长城。她们在长城两侧各取了 6 种相同植物的标本——小小的狗娃花、灌木的荆条、高大的榆树等等。然而当顾红雅教授对这六组植物的 DNA 进行测序和对比之后，却意外地发现这些植物的遗传上已经出现了很明显的分化！要知道，居庸关长城的高度只有 6 米，宽度只有 5.8 米，从任何角度来看这都不是什么天堑。帮助这些植物传粉的昆虫应该可以很容易飞过长城，高大的榆树更是本身就已经比长城更高，只要微风拂过，花粉就一定能传播到对面的同类那里，所以这肯定不是异域地理隔离。可是只隔着一道长城的两侧环境又能有什么差别呢？

我们都知道，长城的构筑是为了防范北方的游牧民族入侵中原，从山海关到嘉峪关，长城基本是呈东西分布的，那么长城的两侧就有了南北的区别。由于北京位于北回归线北侧，阳光总是从南方照射过来，6 米高的长城两侧就出现了阳面和阴面的区别——两侧的光照条件，以及因为光照而产生的温度条件就有了区别。只是这些微小的区别，就让两侧的植物出现了不同的自然选择，而居庸关长城的修建时间是 1386 年，短短 600 年的时间里，这两侧的植物的区别还没有达到形成新物种的程度，但如果任由它们自由演化下去呢？

除了这些地理隔离之外，合子前隔离还有一种时间隔离，这是什么意思呢？对于许多生物而言，它们为了保障后代在更适宜的季节出生、成长，所以并不是全年都可以繁殖的，而是有着固定的发情期或繁殖季，比如一些鸟类普遍会在夏季生蛋，因为此时食物资源最丰富，最有利于后代健康成长。但至于什么时候交配那就不一定了，有的鸟类在早春季节就开始交配了，有的直到夏季才开始交配，而在交配之前，它们的性器官几乎是萎缩不能用的，直到准备交配之前，身体才重新开始给性器官补充营养恢复活性。如果同一种鸟类的个体发情时间出现了变异，那么它们就不可能完成正常的交配，自然也就形成了生殖隔离。

行为隔离是指同一个物种之间因为求偶等行为的差异被不断选择而产生的生殖隔离。鹟亚科的斑姬鹟和白领姬鹟是现存的两种小鸟，现在的研究表明，这两种鸟其实也是同一个物种分化来的，它们直到今天还可以正常地杂交，生下的杂交后代其实也拥有繁殖能力。和许多鸟类一样，斑姬鹟和白领姬鹟的叫声非常婉转动听，这也是它们在繁殖季节吸引异性的重要工具，科学家们推测，斑姬鹟

和白领姬鹟的共同祖先里可能出现了关于叫声的变异，这导致了一些新的鸣叫声，正是因为这种鸟类的个体叫声出现了变异，分别吸引了不同的雌性，随后这两种特殊叫声被性选择不断筛选强化，最终形成了两个物种。

最后一种合子前隔离叫做物理隔离，顾名思义，这是一种因为物理因素导致的生殖隔离，就像我们前面讲到物种区分的标准时所举的例子一样，灰狼和吉娃娃其实都是同一个物种，但是它们的体型已经出现了变化。一头普通的成年灰狼体重可以达到四五十公斤，最大的北美灰狼甚至可以达到 84 公斤，而吉娃娃一般只有 1—3 公斤大小，可以想象，成年灰狼的性器官恐怕就比吉娃娃整条狗都要大了，这怎么可能完成交配呢？还有达尔文在花园里发现的那种红三叶草，它的蜜腺已经特化到只有土蜂才能吸吮的程度，那么身上沾满着其他近似三叶草花粉的普通蜜蜂、蛾子就不会飞到红三叶草身上，它们也就无法完成授粉了。

如果我们以自然环境为背景再来审视马和驴的杂交，就会发现这其实已经出现了典型的合子前隔离——马和驴虽然来自同一个共同祖先，却分别扩散到了不同的大陆，适应了不同的环境，它们在自然环境下根本就不会遇到对方，也就肯定不会生下野生的骡子。

而如果我们假设两种生活在自然环境中的生物就是由于偶然的机会相遇了，它们的发情期也一样，性器官尺寸也适宜，那么是不是生殖隔离就被突破了呢？并不是，因为还有合子后隔离这道坎难以迈过。

还记得我们刚才提到的斑姬鹟和白领姬鹟吗？它们现在依然能杂交生下正常的后代，而它们的杂交后代也拥有正常的繁殖能力，但这种杂交姬鹟却几乎无法留下后代，因为它的叫声又和斑姬鹟、白领姬鹟完全不一样，这又导致它不能吸引这两种姬鹟中任何一种的青睐。这其实还是一个行为隔离的过程，但由于是发生在生殖行为之后，所以也属于合子后隔离的一种，叫做外源性合子后隔离。

比外源性合子后隔离更常见的就是内源性合子后隔离，这也就是骡子为什么不能拥有繁殖能力的原因。因为马的染色体是 64 条，驴的染色体是 62 条，这样的遗传物质不兼容最终导致了大多数骡子失去了繁殖的能力。尽管如此，骡子至少还是幸运的，还有许多内源性合子后隔离会导致两个物种的精子和卵子完全无法结合，或者结合出的胚胎存在天然缺陷，亦或者生育出来的后代缺乏健康的存活能力，我们常常听到在动物园里诞生的狮虎兽、虎狮兽，就经常在很小的时候夭折。

讲到这里，曾经让达尔文深感困惑的“谜中之谜”就逐渐被解开了——当同一个物种的不同个体不断地发生变异，却又因为这些隔离的原因被阻断了基因交流之后，漫长的自然选择过程就会让它们朝着不同的方向独立地演化下去，直到产生明显的分歧，新的物种也就形成了。

不过，隔离并不是自然界中诞生物种的唯一方式，它只是一种普遍的情况，却不是一个万能的解释。自然界远比我们想象的更复杂，看起来已经发生隔离的不同物种，居然也会再次发生杂交，而这些杂交的后代，居然也有可能成为新的物种，这又是怎么回事呢？

真有趣

达尔文也想知道的“谜中之谜”是什么？如今的科学家给了他答案吗？

4

生殖隔离并非铁板一块 ——匪夷所思的跨物种杂交

前边我们提到,达尔文认为物种的形成是以内部的变异为起点,继而产生了不同适应性的变异群体（达尔文称之为变种），最终产生了新的物种，而判断一个物种是否是新物种的一个重要标准就是他们是否出现了生殖隔离。当生殖隔离出现之后，新的物种也就宣告产生了。这套逻辑看起来是非常严谨的，它体现了自然选择在一个阶段内有始有终的整个过程，而自然界中的很多生物也的确在出现了生殖隔离之后就再也不和自己的兄弟姐妹物种发生任何联系。但凡事总有特例，我们在之前讲到物种的时候就曾经说过小麦和黑麦形成小黑麦的例子，这样由两个独立物种相互杂交并生下可以繁殖的正常后代的例子其实在自然界还是很常见的，更有甚者，一些现代的研究表明，跨物种的杂交甚至本身就是一种形成新物种的方式。

《水浒传》是我们国家的四大名著之一，其中最为人津津乐道的角色当然要算那 108 名替天行道的梁山好汉，再其次就要属大反派高俅了，而小说中的皇帝——也就是宋徽宗赵佶反倒是很没有存在感。现实历史上的宋徽宗也的确算不上什么好皇帝，由于他的任人唯亲，北宋国力不断衰落，但宋徽宗在文艺方面却展现出不一般的才能，他的书法和绘画水平都非常高超，在他流传下来的许多绘画作品中，有一幅《芙蓉锦鸡图》堪称中国工笔花鸟画法的杰作。然而谁都没能想到，这样一幅流传了近千年的绘画作品居然揭开了一个关于物种诞生的谜团——2016 年，中科院昆明动物研究所研究人员审视这幅画的时候发现，画中出现的这只锦鸡似乎和我国曾发现过的多种锦鸡都不太一样，学者们最终判断这是一只杂交锦鸡，从身体特征来看，应该是红腹锦鸡和白腹锦鸡杂交产生的。

我们现在没法判断赵佶是在野外采风的时候遇到了这样一只杂交锦鸡，还是画了一只人工饲养环境下出现的杂交锦鸡。在当时，人们已经掌握了这两种锦鸡的饲养技术，这两种锦鸡在人工环境下也经常发生杂交。时至今日，网上还有很多鸡场会出售这种杂交锦鸡用来观赏。而在自然环境下，两种锦鸡也有一些分布区域重叠，比如我国的西南地区，研究人员就野外拍摄过它们的野外杂交个体。

现在我们发现的这样在自然环境下种间杂交的案例已经很多了，除了这只皇上钦点的杂交锦鸡之外，更为常见的恐怕就是各类鲸，比如海洋馆中经常见到的宽吻海豚，就经常搞出这样的大洋爱情故事。目前已经观察到和宽吻海豚发生过种间杂交的其他鲸类已经有 13 种，这些后代有的是有生育能力的。

但是它们能不能算一个物种呢？这个结论很不好下，就像我们前边说到的那样，现在没法用一个特别精准无误的标准去衡量到底可以依靠什么去界定一个物种。不过，也的确有一些野外杂交的后代，已经和它的父母出现了明显的差异，无论套用哪个标准，都足

以成为一个新的物种了。

细斑原海豚是一种 19 世纪才被发现的鲸类，在发现之初，科学家们一直认为它是长吻原海豚的一个亚种，因为这两种海豚有很多相似之处。但是随着 DNA 技术的引入，人们不仅发现这种海豚和长吻原海豚有比较大的区别，还发现它的身上有另外一种海豚——条纹原海豚的血统。原来，正是长吻原海豚和条纹原海豚的杂交产生了一些新的个体，而这些个体也并不和这两种海豚交配，反倒是更喜欢找到自己的杂交同类一起生活和繁殖，长年累月之后，这些杂交的群体就形成了一个新物种。

细斑原海豚的例子是否就是杂交产生新物种的证据呢？尽管细斑原海豚和杂交锦鸡、灰白熊截然不同——它已经不是一个偶然个例，而是形成了一个相当规模的种群，有了稳定的性状，但有人认

为它还不能算一个严格意义上的新物种：有学者认为，要承认杂交所产生的是新物种，那么这个新物种必须满足三个条件，也就是——是由两个不同的亲本种发生了杂交行为，杂交种和亲本种之间出现了生殖隔离，这种隔离是由杂交导致的。

你看，生殖隔离这个简单粗暴的物种鉴别准则在这里就发挥了很大的作用，按照这个标准来看的话，细斑原海豚算不上是个新物种：尽管它确实是两个物种之间发生种间杂交的产物，但它自己本身也可以（而且确实发生过）与这两个亲本物种发生杂交，所以第二条就不符合，第三条干脆无从谈起。

不过就算是按照这个最为苛刻、严格的生殖隔离标准来看，动物界符合标准的杂交新物种也是有的，典型的就是一种叫作 Heliconius heurippa 的蝴蝶。这种蝴蝶是由 Heliconius melpomene 和 Heliconius cydno 杂交产生的，杂交产生的 Heliconius heurippa 的翅膀花纹和两个亲本都完全不同。由于它在繁殖环节非常挑剔，几乎只会和自己翅膀花纹一样的异性繁殖，这就形成了一种生殖隔离，而它也就完美地符合了最严格的杂交物种 3 个定义——种间杂交产生、和亲本生殖隔离、这种生殖隔离是由杂交引起的。

我们不难发现，现在出现了一个特别棘手的问题：死守着生殖隔离这条线来界定物种是不是就是特别准确的？因为很多合子前隔离都有可能随着环境变化而被打破，那么杂交起源可能本来就是物种产生的一个重要方式。有学者甚至认为，至少有 10% 的动物和 25% 的植物经历了自然杂交起源，包括我们智人自己身上也有一些尼安德特人的血脉。

所以那种基于生殖隔离的、认为一旦有生殖隔离就在物种之间

砌了一道坚不可摧防火墙的、物种演化是一脉相承一意孤行的演化理论可能本来就是我们对自然认识不充分的产物。这道防火墙在许多物种之间并没有砌好。有一个最极端的例子，生活在法国比利牛斯山的两种蕨类已经彼此分化了六千多万年了，然后遇到一块居然顺风顺水地就完成了杂交。要知道，分化了 6000 万年的物种之间的差异一般是非常大的，生活在非洲的大象和生活在海洋中的海牛分化的时间都没这么长，这两种蕨类杂交的现象，就像大象和海牛杂交产生新物种那么奇怪。

通过上面案例我们已经可以认识到：杂交个体不一定会成为杂交物种，而杂交物种一定经历了杂交过程。但更为出人意料的是，有时候杂交过程不仅不会产生新的杂交物种，反而会“消灭”原有物种：一些杂交产生的个体会反复与亲本物种回交，产生渗透杂交。通过这个过程，这些杂交个体不仅自己没有变成一个新物种，还会在原来存在着一定合子前生殖隔离的亲本物种之间构建一个基因转移的桥梁。通过这个桥梁，原本独立的两个亲本物种反倒融合成一个物种了。

比如在加拉帕格斯群岛的弗雷里安纳岛，大嘴树雀、中嘴树雀和小嘴树雀就产生了这样的渗透杂交，在杂交个体的参与下，三个独立物种快速融合，形成了一个混乱的杂交群，现在这个岛上已经找不到血统纯正的大嘴树雀了，中嘴树雀和小嘴树雀也快融合完了，也就是说，这个案例里的杂交非但没有产生新物种，甚至反过来“消灭”了亲本物种的多样性。

我们通过一个假设来通俗地解释这个过程：某两种动物 A 和 B，生活在一片山区，但是 A 生活在山谷，B 生活在山巅，地理隔离造成了生殖隔离。它俩本来是独立物种，存在着合子前隔离，一些偶然的机会，A 物种里那些生活在山谷相对靠近山腰的个体和 B 物种里那些生活在山巅靠近山腰的个体相遇了，交配了，产生了一些杂交个体 C。那么 C 可能就产生了不同的性状，它就喜欢在山腰生活，不过它汲取了两个亲本的所长，山谷、山巅它都能适应，就可以去山谷和 A 回交，也可以去山顶和 B 回交，生下来的后代就越来越向 A 和 B 的融合的方向发展。最终可能这个山区的 A 和 B 就消失了，生活着一大群杂交生物。

所以除了界定物种这个困扰之外，自然杂交对生物多样性的影响也是个大课题，因为它可能会产生新物种，也可能威胁到亲本物种的生存。我们既不能像以前那样笼统地认为杂交是“不自然”的，也不能完全放任其发展（尤其是在随着人类对环境的改造已经愈发影响到了许多生物的生存环境的前提下），如何看待杂交，是现在物种起源的一个重要的课题。

真有趣

据说有位宋朝皇帝的一幅画居然揭开了一个关于物种起源的谜团！这是怎么回事呢？

真核生物
原核生物

第四章

“四海之内皆兄弟”

1

生命之树，枝繁叶茂

细心的读者或许已经注意到，在上一章我们讲到物种诞生的时候，不止一次地使用了一个词汇——“分化”。这真是一个很形象的词儿，当一个生物物种在演化的路途上无时无刻不在产生变异，而这些变异又无时无刻不在被自然选择，最终由于各种各样的隔离出现了明显的不同之后，就产生了两个、甚至更多个新的物种，就好像本来的物种在演化的道路上最终分道扬镳走上了不同的道路一样。

虽然达尔文没搞懂隔离产生新物种的具体方式，但他一定也观察到了这些分化的趋势。当达尔文在稿纸上模拟这种分化的过程时，就突然发现从一个物种到多个物种的过程很像一种自然界常见的树杈——这个物种还没有产生分化的时候，它就像一根粗壮的树干，而当分化最终完成的时候，新产生的物种就像这根树干上分出来的几根新枝杈一样。达尔文相信，只要变异的力量一天不停歇，自然选择就会持续地产生新的“枝杈”，这根树干上的枝杈也就越来越

多，直到它变成一棵数不清有多少枝杈的参天大树。

这个极富天才的比喻就是达尔文的“生命之树”，由一根树干不断分化出新枝杈的过程，预示着一个古老的物种将会分化出许多新物种，这个过程最终会导致物种的种类不断丰富，这种现象被称为物种多样性。

达尔文发现，数量更多、分布更广泛的物种内部出现的变异远比那些数量稀少、分布范围狭窄的物种多得多。生活在美洲的白尾鹿就是这样一个典型的代表。在西方殖民者来到美洲之前，至少有4000万头白尾鹿自由地栖息于此，它们的分布区域也从冰天雪地的加拿大一直蔓延到了炎热湿润的南美洲北部雨林里，生活在不同地区的白尾鹿已经出现了很明显的变异差别——加拿大的一些白尾

鹿身高能达到将近 2 米，体重接近 200 公斤，而生活在佛罗里达几座小岛上的白尾鹿身高还不到一米，体重也只有 30 公斤。如果把一头 200 公斤的庞然大物和一头 30 公斤的小家伙放到一起，你无论如何也不会认为它俩会有什么联系，但它们的确就是同一个物种。

实际上，白尾鹿的内部变异并不是只有这两种情况，这种鹿的亚种至少有 38 个，其中的每一种都和其他白尾鹿有明显的区别，而它们的栖息环境也千差万别：当生活在加拿大的白尾鹿在寒风呼啸的山坡上瑟瑟发抖的时候，南美洲的白尾鹿或许还在为恼人的闷热发愁；当墨西哥的白尾鹿饥饿难耐只能小心翼翼地避开尖刺啃食仙人掌的时候，秘鲁的白尾鹿或许正在悠闲地吃着雨林里的蕨类和水果呢。

为什么会出现这种现象呢？其实只要我们用生存斗争的角度去理解，就很容易发现其中的奥秘。

和其他许多种鹿一样，白尾鹿的祖先最初也是生活在环境适宜的温带森林里。从生存斗争的角度来看，这真是一个成功的物种，它们对环境的适应能力非常出色，很快就被自然选择出一批近乎完美适应这种环境的白尾鹿群体。和同样生活在这里的其他食草动物相比，白尾鹿展现出极大的优势，它们大肆啃食植物嫩芽和果实，种群规模也不断扩大。显然，白尾鹿就成了这里的优势物种。

然而森林的资源是有限的，即便白尾鹿取得了对其他食草动物的优势，它们的数量也不可能持续地增长，这种资源的匮乏又成了新的自然选择压力。按照我们前面讲过的生存竞争法则，白尾鹿可能会被自然选择筛选出更能抵抗饥饿能力的个体，而那些没有有利变异的个体则会被淘汰，直到白尾鹿的种群规模回落到森林资源能承载的程度。

生存斗争的确有可能把白尾鹿推向这个方向，但摆放在白尾鹿面前的道路并非只有这一条——这片森林不是孤立的，它的周边还和其他类型的栖息地相连着，如果白尾鹿能逐渐地通过变异和自然选择适应这些新的环境，它们就可以摆脱被森林资源限制的噩运。虽然不知道这一切都是何时发生的，但白尾鹿的确做到了，它们有的适应了更寒冷的山地环境，也由此扩散到了加拿大的雪山上，有的适应了干旱的环境，开始定居在墨西哥的戈壁，还有的来到了佛罗里达近海的岛屿上（值得一提的是，白尾鹿的游泳能力很强，短距离的跨海扩散并不难实现），为了适应这里低矮的灌木丛而演化得越来越娇小。

发生在白尾鹿身上的故事就是一个正在进行中的分化产生物种多样性的例子。或许是由于这个过程发生的时间还并不久远，今天的 38 个亚种的白尾鹿依然存在着许多共同点，它们也都还属于白尾鹿的大家庭，但我们已经看到，生活在加拿大和秘鲁的白尾鹿，早已失去了互相进行基因交流的可能性，隔离已经形成，由这一个物种分化出几十个新物种只是时间问题。

幅员辽阔又相互连通的南美、北美大陆给了白尾鹿这样的优势物种尽情发挥的舞台，但这种大量分化产生新物种的故事并不是必须要拥有如此巨大的场地，恰恰相反，在一些面积非常小的区域，也能诞生出物种多样性不断增加的故事。

我们一定还记得达尔文从加拉帕格斯群岛采集到的那些雀鸟标本，在那个时代，通过羽毛和身体结构区分鸟类是一种惯常的方式，但在达尔文开始研究这些雀鸟时，这些办法却都失了效，这些雀鸟的身体绝大部分构造都几乎一模一样，唯独是嘴巴有着巨大的差别。

当时的著名标本制作师古德尔帮助达尔文研究了这些标本，他认为这是 14 种有着很亲近血缘关系的雀鸟，达尔文也进一步联想到自己曾在南美大陆遇到过的另一种雀鸟——蓝黑草鹀，并认为蓝黑草鹀和加拉帕格斯群岛上的雀鸟也有着血缘关系。在随后的研究中，古德尔和达尔文的猜测都得到了验证。目前的研究认为，蓝黑草鹀不仅和加拉帕格斯雀鸟有着血缘关系，它甚至就是后者的直接祖先，正是由于这种南美雀鸟来到加拉帕格斯群岛并产生分化，才最终形成了后来的 14 种加拉帕格斯雀鸟。

可是加拉帕格斯群岛的岛屿普遍都很小，它们之间的环境差别不可能像辽阔的美洲大陆那样巨大，为什么在如此狭小的区域里，一种雀鸟却可以分化成十几种呢？

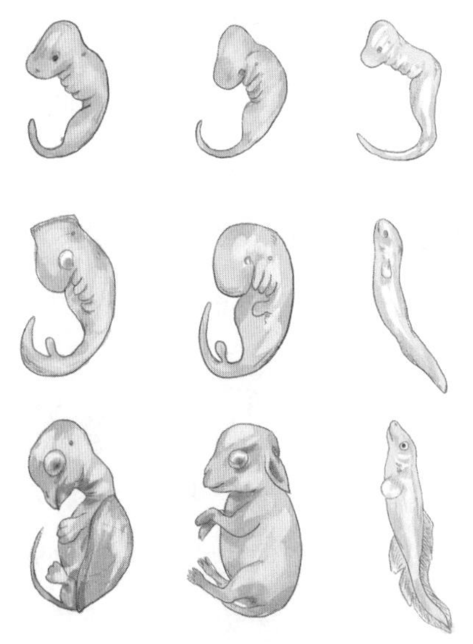

这又是自然选择塑造的结果。根据现代的推测，第一批来到加拉帕格斯的蓝黑草鹀其实是意外地跟随着浮木漂浮到这片大洋孤岛的（在后边的文章中，我们将会讲到动物是如何跨越重洋扩散到世界各地的），虽然它们会飞，但横亘在加拉帕格斯和南美洲之间几

千公里的海面还是远远超出了它们的飞行能力。相比于陆地的环境，被困在海岛上的雀鸟必须面对更贫瘠的生存环境，由于岛屿过于狭小，南美雀鸟最喜欢的食物——柔软的果实的数量本来就非常稀少，很难满足如此多的雀鸟的饮食需求，而且这片位于赤道的岛屿还经常受到干旱的袭击，在最严重的的情况下，全年几乎都没有降雨，食物也就更为匮乏了。

恶劣的环境成为了筛选蓝黑草鹀个体变异的标准。当干旱来临的时候，一些偶然变异出更厚实嘴巴的雀鸟拥有了更大的生存机会，这种更厚实的嘴巴能咬开那些耐旱植物坚硬的种子，它们也有了更大的存活概率并将这种帮助自己抵御干旱的变异遗传下去。还有的雀鸟演化得更为透彻，它们变异出了弯曲的嘴巴，可以用来凿开仙人掌厚实的外皮。即便是在风调雨顺的年份里，这样的分化也依然在进行，那些变异出更细小嘴巴的雀鸟，可以避开和自己的同类争夺有限的柔软果实，而是改吃更细小的草种度日。千百年的分化之后，由蓝黑草鹀一个物种演化而来的加拉帕格斯雀鸟，覆盖了从取食草种到啃食仙人掌的十几个独立物种，而这种分化直到今天也未曾停歇。

加拉帕格斯雀鸟分化的故事和白尾鹿有着显著的不同，它们并没有扩张到新的栖息地中——实际上，加拉帕格斯群岛也没有足够的地方让它们去扩散，雀鸟的生活区域是有限的，适宜蓝黑草鹀的食物也并不多，但还有一些其他种类的食物可供选择，加拉帕格斯雀鸟的分化就是朝着适应这些它们以前不曾考虑的新食物的方向前进的，最终的演化成果则是这些新的雀鸟改变了自己以前的生活习惯并占据了岛上几乎所有的食物资源。雀鸟吃柔软果肉的这种生态关系，我们叫作生态位，而当雀鸟开始吃仙人掌、草籽甚至坚硬的

坚果时，它的生态位自己也拓展了，这其实也是另一种扩张，只不过白尾鹿的扩张是地理层面的，而加拉帕格斯雀鸟的扩张则是生态位的扩张。

讲到这里，我们或许就已经对生物多样性的产生有了一个大概的了解。当一个物种通过变异和自然选择适应了本地的环境时，它们就不可避免地成为当地的优势物种，而因此不断扩大的种群数量又逼迫它们必须去寻找新的资源，同样是在自然选择的作用下，它们开始逐渐适应周边其他环境，并不断扩散到这些新环境中。而当生活在岛屿上的生物没有新的环境可供扩散时，它们还可以扩张到其他的生态位上去。而不管怎样，这些扩张都最终导致了隔离的产生——那些曾经出身同门的物种，也就渐渐地演变成多个不同的物种了。

从物种多样性的角度来讲，一个物种变成了多个物种，那么反过来说，现在存在的多个物种其实也都是一个物种的后代，最初的那个物种就是它们的共同祖先。达尔文推断，不仅十几种加拉帕格斯雀鸟的共同祖先都是蓝黑草鹀，蓝黑草鹀和一些其他雀鸟也有共同的祖先，一直追溯上去，可能所有的鸟类都是由一个共同祖先演化而来的——在今天，我们已经知道，所有的鸟类其实都是一些晚期恐龙的后代。进一步推测，可能所有的动物、植物都能追溯到一个或少数几个共同祖先，这就是生物共祖。

我们千万不要忘记，达尔文当时对物种产生的原理并不了解，我们今天所说的白尾鹿和加拉帕格斯雀鸟的故事，也都是基于今天的科学研究，达尔文当时是不知道的。为什么在那种情况下，达尔文就敢做出这么惊世骇俗的判断呢？

这其实是因为达尔文发现了一些生物共祖的蛛丝马迹。

我们都知道，许多脊椎生物在繁殖的过程中，最初都要经过胚胎的阶段，不管是鱼卵里孵化的幼苗，还是鸟蛋里的雏鸟，或者在妈妈肚子里孕育的哺乳动物胎儿，都是胚胎。如果我们拿一条鱼、一只鸟和一头羊羔放在一起，我们几乎不可能发现它们之间有什么共同点，但是如果我们在显微镜下观察这些脊椎动物的胚胎，却立即会发现它们的相似之处——这些动物胚胎发育的早期非常相似，它们都有细长的尾巴，弯曲的脊背，甚至还都有类似于鱼类的鳃裂！这些相同之处之多，甚至连经验丰富的科学家都很难区分出来：达尔文提到，动物学家阿格塞在研究各类生物胚胎的时候，曾经忘记了给一个胚胎标本贴标签，当他过了一段时间继续开展自己的研究时，却无论如何都无法判断这个没贴标签的胚胎标本到底是哺乳动物还是鸟类的了。

为什么鸟类、爬行动物和哺乳动物的胚胎里会出现鳃呢？达尔文意识到，这种现象或许正是脊椎动物有一个共同祖先的明证，胚胎初期的这些构造，或许就是这些生物共同祖先所拥有的，换句话说，鸟类、爬行动物和哺乳动物，一定是某种鱼类的后代！

对于鸟类、爬行动物和哺乳动物而言，鳃的作用已经在演化过程中慢慢消失了，所以当胚胎不断发育后，鳃裂也就随之消逝，不过还有一些生物共祖的痕迹，在胚胎之外也可以察觉到。就像我们刚才所说的脊椎动物的胚胎一样，这些生物共同拥有的脊椎也肯定是一个共同的祖先物种遗留给我们的构造，而许多脊椎动物的骨骼结构更是非常相似，我们都用肋骨保护脆弱的内脏，相同的闭合头骨里是相似的神经中枢大脑，而不管是划水的鲸，还是飞翔的蝙蝠，亦或者是奔跑的羚羊，它们的四肢骨骼结构其实也非常类似。

正是在这些胚胎学和形态学证据的引领下，达尔文“生命之树”

的脉络越来越清晰。地球的生命之旅必定经历了一个由某个起点出发，逐渐开枝散叶的过程。

但是这种理论似乎也存在悖论。我们以前说过，达尔文曾经阅读并称赞过马尔萨斯所著的《人口论》，而这本书的核心观点就是资源是有限的，生命的繁衍力是无穷的，有限的资源不可能支持无穷的生命存在。如果生命之树会产生越来越丰富的物种多样性，那么假以时日，世界上就会存在无穷多的物种，哪怕这些物种每一种都只有一只，它们的总数量也一定会超过地球的资源承载能力，这又该如何解释呢？

真有趣

当年对物种产生的原理并不了解的达尔文为什么敢得出“生物共祖”这一惊世骇俗的判断呢？

读者可扫描二维码获得
少年爱问音频互动问答

2 生命之树也有残枝败叶

在上一节里，我们介绍了达尔文提出的“生命之树”，也理解了生物多样性形成的原因。既然生物有扩张并形成物种分化的趋势，那么在未来的某一天，地球上岂不是会存在无穷多的物种呢？

其实不然，就像真正的树木一样，生命之树虽然枝繁叶茂，但也会有残枝败叶的存在。不管我们是否喜欢，生命的终结都是难以逃避的话题。对于单个的生命来说，我们将这个结局称之为死亡，而如果一个物种的所有个体都走向死亡，便是宣告着这一物种千百万年的演化道路走到了尽头，这便是灭绝。

现在还生活在地球上的物种到底有多少，这在目前依然是个未解之谜。尽管在过去的几百年里，博物学家、生物学和分类学家们一直在不断地发现和命名新的物种，但截至今天为止，被人类发现的物种总数也只有 160 万种，而未被人们发现的物种数量肯定远远多于这个数字，许多学者猜测，目前现存的物种至少有 1200 万种之多。这些未被人们发现的物种，很多都是鱼类、昆虫、软体动物和微生物等生

物，由于它们并没有大型的哺乳动物和鸟类那样容易被观察，所以我们对它们的了解也并不多。在三四年前，我的一位昆虫学家朋友仅仅是到城中公园的山坡上散了个步，就发现了至少十几个从未被人们命名的新物种，而在人迹罕至的原始荒野里，这样的物种肯定更多。

1200 万，这看起来是一个多么庞大的数字，但和那些曾经出现过的物种数量相比，这只不过是沧海一粟。根据推测，地球 38 亿年的生命史就像一条长河，曾经出现在这颗蔚蓝星球上的物种中，99% 的都早已随波远去。这其中的一些，被偶然地掩埋在淤泥或火山灰下形成化石，在今天，我们还可以透过这些石化的骨骸想象一下它们的英姿，而更多的远古生物，甚至连这最后的痕迹都未曾留下。

为什么物种会走向灭绝呢？这其实不难理解。我们一直在反复地强调，生物的个体会出现变异，其中有利的变异被自然选择保留，不利的变异则被淘汰，其唯一的目的就是达到对自然环境的适应。可如果一个物种的所有个体都不幸没有演化出对环境的适应能力，

或者环境的变化过于迅猛让它们没有足够的时间去产生变异和自然选择，那这个物种就不可避免地走上了灭绝的道路。

这些逝去物种的灭绝故事中，绝大多数都发生得悄无声息。一些物种之间会为了争夺有限的资源而出现竞争，落败的一方就很可能会消逝。

还有的物种会因为环境的变化而走向灭绝，沧海桑田间，数不清的物种也随之陨落。这些自然界的灭绝故事一刻不停地上演，却又因为发生得极为缓慢而不易被我们察觉，这就像一出戏剧的背景幕布一样，我们都知道它的存在，却几乎无人去关注，正是由于这样的特点，这些灭绝又被称为“背景灭绝”，根据统计，已经灭绝的物种，至少有三分之二充当了这样的“背景”。

中国特有的珍稀植物银杉就是这样一种差点灭绝的生物。在二十世纪五十年代之前，人们还一直以为银杉是一种早就灭绝的植物，在距今 2000 万年之前的第三纪地层里，还经常能发现银杉的化石，它的分布范围极广，从欧洲到中国都曾遍布银杉林，但在距今 200 万年之后，银杉的影子逐渐消失了。人们推测，可能是几百万年前的全球变冷和冰川期导致了银杉的灭绝。1955 年，我国科学家才在广西地区的深山老林里重新发现了这种植物。

非常奇怪的是，当冰川期结束之后，银杉并没有和其他植物一样恢复元气，直到今天，生活在我国的银杉数量也非常稀少，而且它们生长的环境往往是森林边缘的山崖上。通过长期的研究人们发现，银杉有一个特殊的习性，它在幼苗的萌发初期必须要享受充足的阳光，否则就不能正常生长，而由于其他植物的崛起，茂盛的森林植被遮挡了绝大多数阳光，这成为限制银杉恢复的“阿喀琉斯之踵”。和银杉树幸存的环境一样，这个物种也由于其他物种的竞争而被推到了灭绝的悬崖边上，如果没有人类的干预，银杉的灭绝前景几乎已经注定。

银杉是由于无法适应新的环境而险些走向灭绝，而还有一些生物则是因为对生存环境太过适应而走向灭绝。

旅鸽是一种生活在北美的小型鸟类，在西方殖民者第一次来到北美的时候，他们就很快被这种鸟类所吸引，因为旅鸽的数量实在是太庞大了。被称为美国鸟类学之父的亚历山大·威尔逊曾经有过这样的遭遇：在一次旅行中，他观察到了一群旅鸽从头顶飞过，初步估计之后他得出一个结论，这群鸟可能有 22 亿只。而和威尔逊活跃在同一时期的鸟类学家兼画家奥杜邦则记录了另一个旅鸽群，据他推算仅这一群就有 10 亿只以上。

然而谁也没想到的是，就在奥杜邦去世之后仅仅 60 年，旅鸽就迅速地灭绝了。是旅鸽的适应能力不够强吗？答案显然是否定的，作为曾经存在过的种群数量最大的一种鸟类，旅鸽的适应能力绝对算得上一流，但正是这种过分强大的适应能力，成了击倒旅鸽的致命因素。

旅鸽的食性很杂，它们偏好浆果，也会采食蚯蚓补充蛋白，或者吃蜗牛补充钙，但在繁殖季节，它们需要大量的坚果供应，因为只有这些高热量的食物才能给繁殖期的旅鸽提供足够的营养。由于旅鸽群数量庞大，它们对食物的消耗量非常惊人，幸好北美丰富壳斗科植物组成的阔叶林恰好可以满足它们的需求，在这些老林下，长年累月堆积的厚厚的栗实堆，是决定旅鸽群能否获得足够的营养供给从而顺利繁殖的关键。

但殖民地的开发需要耗费大量的木材，也需要大量的土地开垦以保障粮食供应，这就导致了东海岸的森林被快速采伐消耗。从后期的统计数据来看，18—19 世纪，美国东部的森林砍伐面积超过原覆盖面积的八成，从旅鸽的角度来看，这里不再是合适的觅食区域，也再无法满足繁殖季节巨大的食物需求。

随着北美人口的快速爆发，猎手们把遍地都是的旅鸽作为一种重要的肉类来源。但由于栗实堆的消失，旅鸽群的繁殖效率大大降低，大量捕杀所导致的种群下滑无法通过繁殖来恢复，旅鸽的数量迅速崩盘。尽管人们最终试图通过人工养殖的方式挽救这个物种，但旅鸽的另一个特性又导致了这些努力付诸东流——作为一种群居鸟类，旅鸽有着聚堆发情的习性，只有种群密度达到一定程度之后，它们才会开始繁殖。从自然选择的角度来看，这原本是一种优势，因为大量旅鸽聚集在一起之后，雌性就能选择更为强壮的雄性作为配偶，但在当时，旅鸽的数量已经无法形成那么大的群体，幸存的一小部分旅鸽也因此绝育。尽管人们做了最大的努力，但到了1910 年，人工养殖的旅鸽只剩下了一只——“玛莎”。1914 年 9 月 1 日中午，“玛莎”也离开这个世界，这个曾拥有 50 亿只的庞大族群的物种，在被人类发现之后不到一个半世纪就彻底灭绝了。

旅鸽这种过于适应环境的能力，在环境保持稳定的时候是很有优势的，但这种过分特化的适应力，却无法应对环境的些微波动。当然，人类对森林的砍伐，以及大量的捕杀是推动旅鸽走上灭绝的

直接因素,但如果旅鸽没有如此特化,它的命运或许不至于如此凄惨。

银杉和旅鸽的濒危或灭绝，或多或少都有它们自己适应能力的缺陷，这也是绝大多数背景灭绝生物消失的主要方式。然而还有三分之一的灭绝事件，则完全超出了生物适应能力所能承受的范围。

在一些特定的时代里，会突然出现大量的生物灭绝，一些规模浩大的灭绝事件，甚至会将当时地球上绝大多数的生命抹杀，这就是大灭绝。这种大灭绝事件在整个地球生命史上至少出现过 23 次，其中规模最为庞大的 5 次，分别被称为奥陶纪末生物灭绝事件、泥盆纪晚期灭绝事件、二叠纪末灭绝事件、三叠纪末灭绝事件和白垩纪末灭绝事件，因为每一次灭绝的规模都波及到当时生活在地球上的超过 75% 物种，它们也被称为五次大灭绝。

没错，最后一个名字我们可能最为熟悉。因为终结了恐龙家族对地球长达 1.6 亿年的统治，白垩纪末灭绝事件被人们广泛熟知并深入研究，但要论灭绝的规模和影响，这次灭绝却并不是最大的。发生在二叠纪末的生物大灭绝是目前人类发现的最为严重的灭绝事件，根据最新的研究，在短短 6.1 万年的时间里，地球上近 95% 的海洋生物和 75% 的陆地生物彻底消失。

许多年来，科学家们潜心研究物种大灭绝的原因，人们迫切地想知道，是什么导致了物种在短时间内的大规模灭绝，而这样的灭绝是否会再次上演。可惜的是，漫长的岁月掩盖了许多真相，探求大灭绝成因的过程障碍重重,许多关于物种灭绝成因的假设都被不断地提出又推翻。但有一点是肯定的——在那些恐怖的岁月里，一定发生了什么剧烈的变化，它的规模之大，影响之深远，让无数坚韧的物种都无法应对。

就以那场著名的白垩纪末大灭绝事件来说吧。二十世纪八十年代，人们在这一事件相关的地层中发现了一些异样：这里测量出了大量的铱元素，在正常的情况下，铱元素在地表的含量很少，出现在白垩纪末和第三系地层界线处的铱元素，却足足超过了正常量的60倍。此外，这一地层中还出现了许多冲击石英和玻璃微球，这些结构通常只会在高温高压下才会形成。人们随即提出设想：在6500万年前，是否是一颗富含铱元素的巨大小行星与地球发生猛烈碰撞，进而引发了这次生物大灭绝呢？

在墨西哥尤卡坦半岛发现的巨大陨石坑显然是这种假说的有力证据，但导致恐龙灭绝的“凶手”恐怕还不止这一位。在印度的德干高原，地质学家发现了更为恐怖的灾难痕迹：早在小行星撞击地球之前，印度已经出现了剧烈的火山活动。和今天的火山不同，远古时期的巨型火山，规模要庞大许多，火山熔岩的覆盖范围，往往达到数万平方公里，喷发持续的时间甚至可以延续百万年。在这样的巨型火山作用下，海量的温室气体导致全球温度的剧烈波动，生态平衡已然被打破，天外来客的撞击，可能只是给早已不堪重负、行将毙命的恐龙家族身上压上了最后一根稻草。

在人们推测的许多次生物大灭绝事件中，都出现了这样惊悚的天灾故事，剧烈变化的气温，大幅涨退的海岸线，毒化的海水或大气，或是超新星爆发带来的致命射线……在这样的天灾面前，大灭绝的发生似乎是不可避免的。

这样看来，今天的地球是如此幸运，作为自然界普通一员的人类，似乎正生存在安乐中。然而事实真是如此吗？统计数字或许最能揭示真相：自1600年以来，世界上已经有2.1%的哺乳动物和1.3%的鸟类灭绝，而数量更为庞大的昆虫、鱼类和微生物的灭绝数字，我们甚至无从统计。要知道，这一速度已经超过自然界中背景灭绝频率的近百倍，即便是在曾经发生过的23次生物集中灭绝

事件中，这样的速度都非常罕见，甚至只有那五次大灭绝可以与之相提并论。我们不得不悲哀地承认，第六次生物大灭绝——全新世大灭绝事件，已经开始了，而开始的时间，肯定也并不是 1600 年，只不过是直到那时，我们才开始关注并记录这些剧烈的变化而已。

人们越来越清晰地认识到这次大灭绝的存在，也就越发感到惶恐又迷惑。惶恐的是，作为物种大家庭中的普通一员的人类必然也会受到波及，而迷惑的是，我们似乎并没有察觉到任何剧烈的天灾，那么第六次生物大灭绝的元凶究竟是谁？当我们拨开岁月的尘埃，走近那些已经逝去，或即将与我们永别的物种，便不得不悲哀地认识到一个冷酷的事实——所有的线索，都指向了我们人类自己。

仅凭一个物种的力量，怎么可能引发大灭绝呢？已经发生过的灭绝故事，也许能解答我们的这个疑惑。

在距今 24 亿年前，地球上的大气成分和今天截然不同，火山活动喷发出的甲烷和二氧化碳构成了远古空气的主体，而对我们至关重要的氧气，却几乎不见踪迹。当时的生物高度适应了这种环境，通过呼吸和分解甲烷，它们汲取能量，不断繁衍。

然而一种大型单细胞原核生物的出现，即将改变这个现状。蓝藻，在今天依然广泛地生活在地球上，由于体内带有叶绿素 a，蓝藻贪婪地吞噬二氧化碳，并排放出代谢产物——氧气。以蓝藻为起点，越来越多可以进行光合作用的物种出现，空气中的二氧化碳逐渐减少，氧气含量不断攀升。

这对于那些原本不需要氧气的物种来说可不是好事，被统称为厌氧生物的这些古老物种，随着地球大气结构的变化迅速消逝，这就是地球上的第一次生物大灭绝，由于和氧气的出现息息相关，科学家们将这次灭绝称之为大氧化事件。

另一则故事听起来更匪夷所思。就在植物占领了陆地之后，支撑枝干的木质素成了一个大问题——在很长时间里，地球上没有任何生物能分解木质素，即便植物死去，它们的遗骸也很难腐烂。在今天看来这似乎无关紧要，地球如此广袤，多堆一些木头又有何妨？但，如果植物只是吸收二氧化碳，呼出氧气，被固定的碳却存留在木质素中无法被重新排放，长此以往，大气中的二氧化碳含量将会持续降低。作为一种温室气体，二氧化碳的持续减少会直接影响地球气温的维持。

崩塌最终出现在石炭纪，无法维持温度的地球两极开始出现冰盖，洁白光滑的冰盖恰似一面反光镜，继续降低着地球表面的热量吸收，如果事态继续发展，地球将在这种恶性循环下越变越冷，一场生物灭绝在所难免。

幸运的是，一些真菌的偶然变异，适时地化解了这次危机。木腐菌，也就是今天我们所熟悉的银耳和木耳们，演化出了分解木质素的能力，它们将木质素分解成二氧化碳，地球的大气结构再次达到了平衡。

我们可以看到，以蓝藻为代表的能进行光合作用的生物们，通过一种生物固碳的方式改变了地球的碳循环，而以木耳为代表的木腐菌，则通过生物释碳的方式再次改变了碳循环。这些看起来很不起眼的生物，对整个地球的生态系统带来的影响却是如此深远。

而现在，我们人类成为了第三类能改变地球碳循环的生物。通过挖掘地层下掩埋的煤炭、石油和天然气，我们将植物们历经千百万年才固定下来的碳迅速地重新释放到大气中，尤其是工业革命之后，旺盛的生产需求带来了大量的能源消耗，机械赋予我们的能力，又将我们对碳的释放能力推升到了新的高度。短短几百年间，空气中的二氧化碳含量变化，甚至可以超过远古时期几万年的水平。

20万年前，现代人类的祖先才刚刚走出非洲，到了今天，炎热的雨林，极寒的冰原，孤远的海岛，贫瘠的沙漠，我们的脚步踏遍了这颗蓝色星球的每一个角落，人类，已经成为一种全球化物种，完全不受人类活动干预的荒野也随之快速萎缩。对于许多生物而言，森林或湿地被农田和城市侵占，迁徙的道路被运河和铁路切割，栖息地的毁灭，也就预示着一个物种的命运。

快速暴涨的人口除了不断侵占自然地貌，更会为了满足自身对资源的无尽需求而给其他生物带来直接的威胁。满足口腹之欲驱使我们的祖先捕猎野兽飞禽，在人类文明最初兴起的几个区域，像鹿和羚羊这样的野生动物都迅速消退，即便在今天，畜牧、养殖已经如此发达，看似古老的狩猎依然是为我们餐桌提供食材的最重要方式之一——数不清的渔船，每年为我们带回九千多万吨野生鱼类，在这个过程中，还有更多的没有经济价值的杂鱼被一同捕获、并随意丢弃。与饮食比肩并称“温饱”的御寒需求，带来了对动物毛皮、油脂的需求，许多拥有厚重皮肤的大型动物被迅速捕杀殆尽。

甚至连人类无意而为的举动都会引发严重的灾难。一些被驯化的生物跟随人类的脚步来到陌生的大陆和岛屿，对当地原生物种带来毁灭性的威胁，被我们视作萌物的猫咪，一旦进入野生环境，旋即变身为鸟类和小型啮齿动物的恐怖天敌，在新西兰的一座孤岛上，甚至发生过一只猫灭绝一个物种的故事。

无论是背景灭绝还是大灭绝，环境的变化总是导致物种灭绝的重要原因。生命之树上幸存的物种——也就是今天的1200万个物种，都是历经了许多次残酷自然选择的幸运儿。作为一颗地质活动非常活跃的年轻星球，地球的环境始终都在变化，这1200万个物种中的许多，或许也会在未来的某一天被淘汰，走进历史。

但人类活动所带来的环境变化，却无论如何都不应该被视为是

一种正常的现象，它的迅猛程度和波及范围甚至比导致恐龙灭绝的小行星还要凶狠，即便是因为适应能力幸存至今的物种们，也不可能在短短几百年时间里重新适应这样的巨变。所以，当我们越来越了解了自然万物演化的伟大，就更应认真思考该如何与自然相处这个命题。这对于已经灭绝或正走在不可避免的灭绝之路上的物种来说，或许已经没有意义，但对于同样生活在地球上的人类自己来说，却至关重要。

真有趣

地球上曾出现的规模最庞大的五次大灭绝分别是哪些？其实第六次大灭绝已经来临，它的元凶指向了谁呢？

3 去往全世界的旅行

我们在前面介绍过，达尔文通过对加拉帕格斯群岛上各种各样的小雀鸟的研究，发现了它们的进化联系，这也启发了他开创物种起源思想。为了纪念这一重要经历，今天的人们把这些雀鸟称为“达尔文雀”，它们也成了加拉帕格斯群岛最出名的生物。

不过对于真正到过加拉帕格斯群岛的人来说，这里最令人印象深刻的生物绝不是那些形态各异的达尔文雀，而是遍布在各岛屿上的、体型硕大的象龟。这些世界上最大的陆龟，体重可达二三百公斤，它们在这荒芜群岛上爬行的时候，活像一座座移动的堡垒。

可以想象，达尔文在这里停留的那段时间，一定也观察过这些象龟。实际上，他恐怕还吃了不少象龟肉，在他的日记中记载着，水手们抓了满满一船舱的象龟作为未来航行的食物，后来甚至还嫌它们太沉，半路上从船上丢到海里好几只。

但就是这些象龟，曾经喂饱了达尔文的肚子，却也给达尔文出了一个大难题。

生物怎么扩散到各地?

在这趟旅程之后的二十多年里，达尔文一直在构思他的物种起源思想。达尔文相信，生物都有共同的祖先，越是生理形状相近的生物，它们的共同祖先出现得就越晚。而从共同祖先生活的故乡分散到各地之后，这些生物就在不同的自然环境下独自演化，最终差别越来越大，这就是新物种诞生的过程。就像加拉帕格斯群岛的雀鸟一样，当它们生活在灌木林的时候，就会逐渐形成以灌木果实为食的鸟嘴宽厚的后代，而扩散到草地上的那些雀鸟，最终也会演化出鸟嘴更小、更适合啄食草籽的雀鸟。

对于达尔文的这套理论来说，“扩散到各地”是一个重要的前提。生活在陆地上的生物，自然可以很方便地扩散到不同的环境中，进而演化出适应这些环境的新物种。甚至对许多善于游泳和飞行的生物来说，扩散到大洋中的孤岛上也并非什么难事，在加拉帕格斯群岛上，就生活着好几种这样的旅行家。

加拉帕格斯群岛上的龟，可不仅仅是象龟这一种，对于太平洋丽龟来说，这里的沙滩可以算得上是完美的产卵地，每年仲夏，这些海龟都会远渡重洋来到这里，产下数量可观的卵。在加拉帕格斯群岛的峭壁，信天翁和蓝脚鲣鸟也成群结队地安了家。甚至还有一种企鹅——加拉帕格斯企鹅，居然也随着洪堡寒流来到了这片位于赤道上的群岛生活，其中的几十只更是生活在赤道以北的区域，这也是唯一一种分布在北半球的企鹅。

可是联想到加拉帕格斯象龟，达尔文却怎么也想不明白了。他发现，这些象龟和生活在南美的陆龟有很多相似之处，也就是说，它们应该也是从南美扩散过来的。可是加拉帕格斯群岛和南美之间被广阔的大海阻隔，这些爬行缓慢又不会游泳的象龟，怎么可能会出现在这么一个偏僻的小群岛上呢？

消失的通途

达尔文最先试图从曾经消失的陆地着手解释。

在达尔文生活的那个年代，人们已经在北美洲发现了许多和欧亚大陆相似的生物——这里的森林里，也生活着狼和熊；它们的猎物马鹿和驼鹿，在欧洲也很常见；落基山脉上的雪羊，明显是亚洲岩羊的亲戚；北美草原上的野牛，肯定也和欧洲野牛有很多联系。

但是只需要找一张世界地图就不难发现，在阿拉斯加和西伯利亚中间，白令海峡斩断了这两片大陆的联系。如果这些动物真的是由共同的祖先演化而来，那么它们又是怎么跨越这片冰冷的海水到达彼岸的呢？

原来，在地球漫长的历史上，曾经出现过许多个冰冷的时期，也就是我们今天所说的冰川期。在那个时候，全球气温很低，南北半球的高纬度地区都被厚厚的冰雪覆盖着，这就相当于把海洋里的许多水封存在了大陆上，正因为这个原因，当时的海平面比今天可要低多了。今天看起来不可逾越的白令海峡，当时还裸露在外，就像一座连接起亚洲和北美洲的桥梁，所以又被称为“白令陆桥”。达尔文认为，许多陆地生物正是通过这座陆桥，才完成了在这两片大陆的扩散。

今天的科学研究告诉我们，达尔文的这一推想是正确的。原本诞生在欧亚大陆的许多生物，就是通过白令陆桥来到了美洲，它们包括野牛和岩羊，甚至还有我们人类自己——美洲印第安人的祖先，

也是在一万多年前通过白令陆桥扩散而来的。而许多美洲的生物也这样来到了欧亚大陆，我们所熟悉的骆驼，其实就是一批货真价实的“美洲移民”。

还有许多靠近大陆的岛屿，也都有过同样的遭遇。比如达尔文的故乡英国，在冰川时期也是和欧洲连在一起的，当时的英吉利海峡，不过是一片浅浅的山谷。生活在大陆上的生物扩散到这样的岛屿上，自然也就不成问题。

但很遗憾，这样的解释放在加拉帕格斯象龟身上，是行不通的。因为加拉帕格斯群岛的确是太偏僻了！即便是在今天，它依然非常难以到达——从厄瓜多尔首都基多乘坐飞机，都需要飞行两个半小时才能抵达这片神秘之地。在加拉帕格斯群岛和南美洲大陆之间，是几千米深的海水，即便是最为寒冷的冰川期，海平面也不可能下降到这样的程度，加拉帕格斯象龟，一定是通过其他方式扩散而来的。

顺风车假说

在离开加拉帕格斯群岛的第二年，达尔文来到了今天属于澳大利亚的基林群岛。他发现，这些珊瑚岛的沙滩上，总是会有被海浪冲上来的椰子和红树苗，神奇的是，这些被海水浸泡过的种子，居然还可以生根发芽。

达尔文发现，漂流的确是生物扩散的一种重要方式。而躺在他面前的椰子，正是这一传播方式最著名的代表：它的果实有致密的外皮可以抵御盐分的侵害，这使得它们可以泡在海水中很多年都不会死去。其他植物的种子虽然没有椰子这么皮实，被海水浸泡后发芽率会大大降低，但总有一些幸运的个体可以幸存下来。

甚至还有一些植物是被连根拔起带到岛屿上的，在大陆的沿海地区，一些植物会因为飓风、洪水或山体滑坡等原因被冲到海里，随着洋流展开漫长的漂泊，这些植物的本体大多会因为盐分的原因死掉，但它们上边很可能已经长出了成熟的果实，而这就是它们殖民新岛屿的希望。

在这个过程中，这些漂浮在海上的植物身上甚至还搭载了一些乘客，比如小型的蜥蜴、鼠类等，这些动物乘坐植物残骸“筏子”，跨越大洋达到岛屿。实际上，许多爬行动物就是这样出现在大洋孤岛上的。在 1995 年，加勒比地区的一场风暴将一些原本生长在瓜德罗普岛的树木卷入海中，在被洋流带了 200 公里之后抵达了安圭拉，而安圭拉的渔民们惊讶地发现，在其中一根树干残骸之上，正趴着 15 只已经饥肠辘辘的绝望的绿鬣蜥。

甚至一些鸟类有可能也是通过这些木筏扩散到世界各地的岛屿的，尽管它们会飞，但飞行能力并没有信天翁那么出众，它们的羽毛也不能防水，这让它们无法漂浮在水面休息，所以，漂流在海上的浮木，就成了它们的救命稻草。这些搭便车的鸟类，自己甚至也可能成为便车，一些寄生在鸟类羽毛中的虫类，或鸟类消化道中的植物种子，都有可能被鸟类带到新的岛屿上。

风也是许多生物赖以扩散的方式，我们熟悉的蒲公英就是依靠风播撒种子，实际上，许多蕨类植物的孢子、草本和木本植物的种子无时无刻地环绕在我们四周的气流之中，如果一场风足够大——比如猛烈的台风或信风，都可能会把它们播撒到几千公里之外，一旦它们沾染到新的陆地，就会很快萌发出片片绿芽。

一些体型较小的动物也可以乘着气流远行，很多昆虫和它们的

卵是这种搭便车的常客，它们可以被一场大风卷到空中随行很远的距离。达尔文还认为，一些鱼的卵也会在水塘干涸后进入休眠期，一旦它们被风刮到新的水塘里，就会孵化出鱼苗来。

我们看，同样不善游泳的蜥蜴，甚至完全没有活动能力的植物，也可以依靠自然的力量完成扩散，这是否会是加拉帕格斯象龟扩散的方式呢？

象龟的奇幻漂流

回到我们的主角加拉帕格斯象龟身上吧！这是一种典型的陆龟，它们厚重的龟甲、粗壮的龟足、耐旱的习性，无疑说明这种生物已经在干燥的陆地上生活了很久。和它们的水鳖、海龟亲戚们不同，它们不适合、也肯定不喜欢游泳，这就说明它们不可能是像海龟那样自己旅行至此的；而且它们体型如此庞大，得多么大的浮木才能让它们趴在上边跨越大洋呀！

虽然达尔文给出了上面种种猜测，但直到他去世，加拉帕格斯象龟的具体扩散方式也还是个谜团。好在，现代的科学家们，从来没有停止过对这个问题的研究，而真相也最终被我们揭开了。

人们偶然发现，一种生活在阿根廷和巴拉圭的查科龟，似乎与加拉帕格斯象龟拥有非同寻常的血缘关系：科学家们发现，加拉帕格斯象龟和查科龟大概在500万年前还没有分家，或许在那个年代，一次发生在阿根廷和巴拉圭的一次自然活动——比如泥石流或海啸，偶然地将一些陆龟卷入海中，这些陆龟虽然不会游泳，却可以漂浮在海面上，它们努力地伸长脖子呼吸，并以龟类独有的低新

陈代谢来对抗难捱的饥渴。在洪堡寒流的推动下，经过几个月、甚至更长久的漂浮，这些陆龟最终被带到了加拉帕格斯群岛，而由于这里几乎没有陆龟的天敌，它们的体型也演化得越来越大，最终成为了我们今天见到的这种象龟。

更重要的是，在这些陆龟初次来到加拉帕格斯的那个年代，许多年轻的火山岛甚至还没有诞生，而如今它们上面也有象龟生活。根据这个假设来推算，象龟最早登陆了加拉帕格斯群岛中最古老的几个岛屿，后来又通过这样的漂流移居扩散到附近的一些后来才形成的新岛屿上，并在各个岛屿中演化出多达十几种不同的象龟。

实在难以想象，象龟这么庞大的生物居然可以在水中漂浮如此之久，但现在观察到的事实就是如此：就在几年之前，人们在海中发现了一只正在漂浮的加拉帕格斯象龟，根据它身上生长的海洋寄生虫判断，它“下海”至少已经 2 个月了。而进一步的研究表明，

生活在南美洲的陆龟恐怕也是通过这样的方式“移民”来的，它们真正的家乡其实是在非洲。而在遥远的印度洋南部，恐怕也发生过同样的故事，一些生活在非洲大陆的陆龟一不小心掉到了海里，只得苦苦伸长脖子露出水面呼吸，随着洋流慢慢向亚达伯拉群岛靠近，最终形成了亚达伯拉陆龟。

你们看，生物的扩散，除了各显神通之外，还需要一点像加拉帕格斯象龟这样的好运气，如果它的奇幻漂流稍微偏一点，可能就没有机会再次踏上陆地了。而达尔文呢，虽然没有等到最后的答案，却也大概猜出了正确的结论，这就不是单纯的好运了，而是他通过仔细的观察，长期的思考，并在充分的事实基础上合理推测的结果，而这就是一位伟大的科学家所应该具备的素质呢。

真有趣

关于“生物是怎么扩散到各地的”，达尔文给出了什么猜测呢？

4 人类是从猴子演化来的吗？

1858年的6月对于达尔文来说异常难熬。就在这个月的18号，他刚刚收到了华莱士从东南亚寄来的邮件，在这封长信中，华莱士不仅介绍了自己多年考察的经历，还随信附来了一张手写的论文，在这份论文中，华莱士表达了自己对物种起源的理解和研究成果，其核心思想与达尔文的自然选择理论如出一辙。这使得达尔文立即陷入了左右为难的境地，一方面，达尔文已经为自然选择理论笔耕不辍地准备了20年，看到自己默默无闻的工作即将被他人捷足先登，达尔文当然焦急万分；但另一方面，深深的恐惧潜藏在达尔文的心底，对于自然选择理论究竟会引发多大的争论，达尔文心里还没有十足的把握。

站在今天的角度，我们可能无法理解达尔文所需要面对的压力。虽然科学的种子已经在当时的英国萌芽，但宗教势力的影响依然十分强大。1859年初，也就是达尔文出版《物种起源》之前的几个月里，当时的英国首相已经向女王建议授予达尔文勋爵爵位，女王

的丈夫阿尔伯特亲王也对达尔文的工作十分赞赏，但由于宗教势力的施压，女王不得不驳回了这项申请。而当《物种起源》正式出版问世之后，其宣扬的自然选择理论，以及这个理论背后的唯物主义思想，更是惹怒了许多虔诚的信徒，就连和达尔文同舟共济四年之久的小猎兔犬号船长费茨罗伊也写信给达尔文表达自己的不满，他甚至愤懑不平地反问达尔文，为什么自己在航海时期对达尔文百般照顾，达尔文却以这样亵渎上帝的言论来回报他？

我们都知道，早在达尔文之前的许多年里，已经有不少学者提出过一些类似进化论的理论。拉马克的用进废退理论，其实本质也是物种可变、物种逐渐演化的学说。但是拉马克等人的进化论并没有采用唯物主义的哲学，他们依然在强调意志、思想和心灵等对物种演化的重要性。对于这样的学说，宗教虽然也不愿接受，但却也可以很快地把这些学说和宗教结合起来——当时的观点认为，思想和意志当然是上帝的杰作，既然思想和意志是驱动物种演化的动力，那么拉马克的学说依然足以证明上帝的伟大力量。

而达尔文的理论就有着截然不同之处。《物种起源》指出，是自然选择的力量筛选了偶然的变异，最终导致了演化的形成，在这个过程中，达尔文没有给上帝留下任何位置。有人形容道：达尔文的物种起源理论就像一颗炸弹，被直接投进了教会统治的心脏。这样的理论被群起而攻之自然也是很正常的了。

达尔文当然料想到了宗教势力的攻击，所以虽然他对自然选择理论充满信心，却还是刻意地回避了一个话题——人类的起源也是遵从自然选择而发生的吗？对于这个问题，达尔文心里当然已经有了答案，但在他发表《物种起源》这本书的时候，却只是说“人类起源的历史终将得到阐明”，而没有深入地讨论下去。达尔文非常清楚，人类的起源太过敏感，在宗教理论里，人类是上帝创造的最高等的结晶，普通民众也相信人是凌驾于普通动物之上的统治者。如果把人视为一种普通动物去研究，甚至讨论用物种起源的理论去给人类的进化找到一个动物的祖先，这肯定会引起更剧烈的轩然大波。

尽管达尔文刻意回避提到人类起源的话题，但《物种起源》里的证据实在是太明显了，自然选择可以解释如此多的自然物种的形成，也清晰地指出了许多动物可以通过胚胎学、同源器官等证据排列在同一根生命之树的枝干上，那么人类的起源其实也就不言而喻了。

比达尔文年轻 16 岁的赫胥黎是捅开这层窗户纸的第一个人。1860 年，牛津大学的大主教塞缪尔 · 威尔博佛斯向进化论的支持者们公开挑战，他试图用自己的权威和口才把这种亵渎上帝的“异

端学说”彻底扼杀在摇篮里。由于达尔文重病卧床，赫胥黎自告奋勇地代表达尔文参加辩论，正是在这次辩论中，赫胥黎提出了人类起源也可以用自然选择理论去研究的观点。此后的1863年，赫胥黎更是出版了《人类在自然界中的位置》一书，呼吁人们用科学的态度去审视人类作为一个普通物种的起源之谜。眼看着争论已经无法避免，达尔文最终开启了对人类起源的研究，1871年，《人类起源和性选择》一书出版，曾经缺失的《物种起源》才最终得以完善起来。

就像研究各类动物的起源一样，达尔文也仔细对比了一下人类和其他动物的相似之处。他发现，灵长类动物中的狭鼻猴类拥有和人类共同的鼻部特征——它们皮鞭鼻中隔狭窄，鼻孔向下，这表明人类也是狭鼻猴类中的一种，而狭鼻猴中的类人猿的骨盆和头骨结构又更近似于人类，所以类人猿又比普通猴子和人类有更多的亲缘关系。在这些类人猿中，生活在非洲的黑猩猩、大猩猩和人类拥有的共同特征更多，达尔文因此得出结论，我们的祖先可能正是一种生活在非洲的古猿类，两种猩猩是我们现存最近的亲戚。

虽然达尔文的推理看起来非常合理，但这个观点一经问世，还是引发了极大的震动。一名宗教画家把达尔文的头像和猿猴的身体结合，以此来讽刺达尔文的学说。即便是支持进化论的开明学者，也普遍无法接受人类是在非洲诞生的观点——当时非洲充斥着野蛮和贫瘠，如此落后的地区怎么会是高贵的人类的诞生地呢？对于这种争议，达尔文几乎无力反击，因为在那个年代，人们还几乎没从非洲发现任何关于古人类的化石证据。反而是那些建立在这种狭隘的地域歧视之上的反对意见不断得到证据的证实——比如阿根廷古生物学家费洛伦蒂诺·阿梅吉诺就指出，南美的阿根廷大草原才是人类起源的地方，因为这里的植被稀少，原始古猿不得不站立起来以获得更开阔的视野寻觅猎物，这似乎成为了人类直立行走的一种合理解释。而作为当时的世界经济和文化中心，欧洲的学者们更愿意相信欧洲才是人类的摇篮，尤其是当德国尼安德山谷发掘出尼安德特人的化石后，这种学说就更加稳固。同样孕育过繁荣古国的亚洲地区，也在 1929 年挖掘出距今 60 万年前的北京人头盖骨，这比尼安德特人还早了四十多万年。可以说，直到达尔文与世长辞之后七八十年的时间里，几乎没有人支持他关于人类起源于非洲古猿的推断。

难道是达尔文错了吗？在那段时间看来可能的确如此，但历史的经验告诉我们，真理往往最能经受时间的考验。随着二十世纪六十年代非洲东部地区一系列的古生物学新发现，人们相继发现了一大批 300 万年以上的南方古猿化石，尤其是距今 440 万年的地猿和距今 400 万年的南方古猿湖畔种的发现，使大多数古人类学家抛弃了欧洲起源、亚洲起源等学说，达尔文最早提出的人类非洲起源学说终于得到了有力的证据支持！

现代的科学研究证明，人类的演化有着极为漫长的历史。早在距今 3000 多万年前，一种叫做森林古猿的灵长类生物就曾遍布在亚、非、欧等地区广袤的林地里，随后的 1250 万年至 850 万年前，森林古猿的后代中出现了一个叫做西瓦古猿的分支，它长得很像今天的红毛猩猩，也还没有掌握直立行走的能力。后来随着气候的变化，西瓦古猿的栖息地退缩到了非洲撒哈拉沙漠以南。

根据人类和猿的氨基酸差异推算，也就是在这之后的距今 500—700 万年前，人类和猿在进化道路上分道扬镳了，其中和我们分开最早的一支古猿是今天的长臂猿们的祖先，随后和我们分化

的是今天东南亚红毛猩猩的祖先，最后一支和我们分开的古猿就是大猩猩和黑猩猩的祖先。

和这些继续生活在森林中的亲戚们不同，我们的祖先踏上了一条崭新的道路。或许是为了躲避非洲炎热的地表，也或许是为了“站得高看得远”，这种古猿第一次尝试只用后腿站立行走。虽然今天的猴子和猩猩偶尔也可以只用两条腿走路，但它们一般坚持不了多久，我们的祖先却很快适应了这种新的运动方式。由于发现的地点大多位于非洲的南部和东部，这种古灵长类也被称为南方古猿。

由南方古猿演化而来的能人和其他灵长类的区别就更为明显了，在它们的化石出土地点附近，首次发现了简单石器的踪影。在二十世纪六十年代，人们用来判断一个物种是否可以称之为“人”的标准就是是否会使用工具，按照这个标准，能人就是历史上的第一种人类。但在之后的几十年里，人们又相继发现了许多动物也会制作和使用工具——我们的近亲黑猩猩会使用小树枝勾出树洞里的昆虫，一些鸟类也掌握了这个技巧，如此看来，通过是否会使用工具来区分普通动物和人的标准就不是那么严谨了，所以，现在的主流观点认为，应当以是否直立行走来作为衡量“人”的标准，更为古老的南方古猿也因此取代了能人，成为人和猿分化后的第一种“人”。

从能人开始到今天的我们，中间还历经了两三百万年的漫长演化和自然选择过程。这其中至少经历了 4 个主要的阶段，以能人为代表的早期人类被统称为早期猿人，这表明他们身上还拥有许多猿的特征，而能人之后的直立人已经出现了使用语言的能力，他们也被统称为晚期猿人。晚期猿人之后出现的早期智人，更是拥有了更大的脑容量、更娴熟的语言能力，甚至演化出了许多今天看来也充

满文明气息的行为，比如丧葬同伴的习俗，而最终，现代智人扩散到全球范围内，演化出今天的人类这一物种。

那么既然这些古人类都是在非洲演化出来的，为什么在中国还能发现60万年前的北京人，在欧洲也发现了十几万年前的尼安德特人呢？

这还是生物扩散的结果。实际上，在人们漫长的演化史上，古人类曾三次走出非洲，分别是在距今190万年前、42～84万年前，以及8～16万年前。

第一次走出非洲的就是直立人，在扩散到亚洲大陆的过程中，他们在各地又分化出不同的物种，我们中国所发现的北京人化石，就是其中的一种直立人。很不幸的是，亚洲大陆的环境似乎对这些来自非洲的生物很不友好，他们并没有留存太久就相继灭绝。

第二次走出非洲的是早期智人，这些古人类不仅再次扩散到亚洲，还第一次来到了欧洲。在德国出土的尼安德特人就是早期智人里演化得非常成功的一种，这种古人类个体低矮，但身体非常结实粗壮。更难能可贵的是，尼安德特人并非只是四肢发达，他们的头脑也非常灵光，从出土的化石来看，许多尼安德特人的脑容量甚至比现代的我们都要庞大，他们所创造的许多工具，以今天的眼光来看也是十分精美的。尼安德特人还演化出了许多文化的特征，他们会在身体上涂抹矿物质来纹身，他们的墓葬中还出现了不少花粉的痕迹——这说明他们喜欢用鲜花来送别自己逝去的亲友。

由于尼安德特人的化石出土量很大，人们对他们的研究也日益加深，这也改变了我们对古代野人“茹毛饮血”的刻板印象。在他们的牙结石里发现了明显的植食痕迹——其中不仅出现了淀粉颗粒，同时这些淀粉还有着明显的经烹煮而裂解的迹象。这似乎说明，他们已经掌握了用火制作熟食的方法。更奇特的是，一些尼安德特人的牙石中，还出现了苷菊环烃、香豆素等植物特有的化合物。要知道，含有这些成分的植物普遍苦涩且缺乏营养，显然不适合作为食物果腹，然而尼安德特人却会食用它们。联想到这些植物的药用价值，研究人员推断，尼安德特人已经掌握了它们的药用方法。

强大的体格和聪明的头脑让尼安德特人在欧洲生活得很好，但就在此时，人类第三次走出非洲的壮举开始了，这一次试图征服全球的就是我们现代人的祖先——晚期智人。可想而知，这些晚期智人在扩散到世界各地的时候，势必会遇到那些还生活在亚洲和欧洲的早期智人，而也就是在此之后，以尼安德特人为代表的早期智人种群规模迅速地下滑。有学者分析，正是因为和晚期智人的竞争的落败导致了尼安德特人的灭绝。但这个故事似乎也不完全是这么血腥，晚期智人和尼安德特人除了相互竞争之外，似乎也有和平共处的岁月，他们甚至还发生了许多次通婚。在我们今天每个人的DNA 中，还有至少 1~4% 的尼安德特人血统，我们身上的许多疾病甚至都是从尼安德特人那里继承而来的，比如二型糖尿病、血栓、抑郁症和尼古丁成瘾。另一种生活在亚洲的早期智人也融入到了我们的血液中，他们是生活在高原地区的丹尼索瓦人，他们的基因中有一种叫做 EPAS1 的变异，这种变异可以促进血红蛋白的合成，对丹尼索瓦人适应高原氧气稀薄的环境很有帮助，我们的祖先在与丹尼索瓦人的通婚中也获得了这种基因上的优势，今天生活在青藏高原的藏族人群里，这种基因变异出现的概率就非常高。

我们可以看到，从森林古猿到现代人类的演化过程中，古人类的生命之树一度非常繁茂，诞生的物种数不胜数，但由于种种原因，和我们同行的近亲们都相继灭绝了。这一方面是因为对环境的适应

所导致的淘汰，另一方面则是因为后来者的竞争，尤其是当我们现代智人掌握了更先进的工具，更高效的语言和文字，并形成了部落组织之后，这种竞争力已经远远超过了普通的自然生存竞争范畴。衣服可以让我们适应那些早就和非洲故乡大相径庭的气候，武器让我们拥有了比虎豹豺狼更强大的攻击力，这让我们对环境的适应能力达到了惊人的程度，却也让我们和同类的竞争变得更加残酷。

回顾人类演化的历史进程，我们或许会再次感叹达尔文的伟大之处。在没有任何化石证据支撑的时代，达尔文仅仅依靠合理的猜想，就为我们大致描绘了人类起源的框架，但达尔文或许也没有想到，人类的起源竟然如此曲折又壮阔。我们，也就是现代智人，成为了人类生命之树上硕果仅存的唯一一种。此后的许多年里，我们的脚步踏遍了亚非欧三洲，又借助了冰川期海平面下降裸露出的陆桥，来到了美洲大陆，而当船只被发明出来之后，海上的孤岛上也有了人类的踪迹。

真有趣

达尔文并不是第一个提出物种“进化”理论的人，可为什么只有他的《物种起源》遭遇了宗教的猛烈攻击？

第五章

达尔文也有不知道的事情

1 达尔文的“泛生论”

《物种起源》的出版是科学发展史上的一件大事儿，对于“生物是否会变化”“这种变化是怎么发生的”等疑问，《物种起源》都以清晰的逻辑和充足的事实依据给出了自己的解释，达尔文也因此名声大振。但就像我们之前介绍过的那样，《物种起源》并没有解决所有问题，在这本书出版之后，达尔文先后进行了 6 次修订，直到第六版出版时，达尔文依然坦诚地承认自己依然没有找到许多重要问题的答案，其中最为核心的一点，就是遗传的法则。

在达尔文的进化论中，偶然发生的变异是物种进化的前提，自然选择的力量是筛选这些变异的关键，但这些变异如何被遗传到下一代，并且在许多代的不断遗传中累积成那些足以改变生物形态的演化，都需要一整套遗传理论来作为解释。遗憾的是，对于这个关键问题，达尔文并没有找到答案，他在书中写到“支配遗传的各种法则大部分是未知的，没有人能说明为什么同种的不同个体或者异种间的同一特性，有时候能遗传，有时候不能遗传；为什么子代常

常重现祖父或祖母的某些性状，或者重现更远祖先的性状（也就是所谓的返祖）；为什么一种特性常常从一性传给雌雄两性，或只传给一性。”

达尔文当然知道遗传法则的重要性,因为如果变异不能被遗传，那么演化也就不会产生。在他写作完《物种起源》之后，也并没有停止对这个问题的探求。1868 年，他出版了自己的另一部著作《动物和植物在家养下的变异》，从这本书的题目来看，它更像是《物种起源》第一章的拓展，但这本新书最核心的观点，却是达尔文提出的一种关于遗传的假说——泛生论。

泛生论并不是达尔文的首创，早在公元前 4 世纪，古希腊医生希波克拉底其实就提出过类似的理论。希波克拉底认为，生物身体的各个部分都含有一种特殊的“种子”，这些种子决定着身体各部分的功能和形状，当雌雄两个个体交配的时候，它们体内的这些种子都融合起来，共同决定了后代的发育。举一个简单的例子，一只公兔子的心脏可以生成“心脏种子”，眼睛可以生成“眼睛种子”，如果它的毛发是黑色的，那么就会生成会让后代长出黑毛的“毛发种子”，这些来自身体各个器官和部位的种子最终汇集到公兔子的精子里（相应的，母兔子体内的“种子”们也汇聚到它的卵子里），当公母兔子交配后，双方的这些种子就出现了融合，“种子们”各司其职，让小兔子长出心脏、眼睛和毛发。

比希波克拉底年轻几十岁的亚里士多德却并不赞同这种理论，他认为这一理论至少存在 3 个致命的问题无法解释——如果身体各部位都需要产生自己的“种子”，那么类似于指甲和头发这样已经明显没有活性的“死亡组织”，又该如何产生“种子”呢？其次，如果有了“种子”后代就会表现出同样的特征，那么人类的爸爸在结婚生子的时候早已经长出了胡子，他的“胡子种子”也肯定到了孩子身体里，但为什么生出来的男孩却还需要等待十几年才会长胡子、女孩更是永远都不会长出胡子呢？最后，如果爸爸和妈妈都贡献了自己的种子，这双份的种子是不是应该让他们的孩子成为一个长出 2 颗心脏，4 只眼睛，甚至双头四臂的怪物了呢？

尽管希波克拉底的假说存在这样或那样的不足，但在古希腊之后的一千多年里，博物学者们实在也找不到一个更好的解释来阐述遗传的原理，达尔文的“泛生论”其实也就是对希波克拉底这一假说的延续而已。不过，达尔文和希波克拉底有一个本质的不同，那就是他已经意识到了物种是可以变化的，所以达尔文的“泛生论”对变异的遗传做了专门的解释。他认为，身体的各个细胞都会产生

一种“芽球”（其实这也就是希波克拉底所说的“种子”的另一种说法），当细胞发生偶然的变异时，它所产生的“芽球”也会随之变异，这些变异了的“芽”最终汇聚到生殖细胞里，并通过交配和异性的“芽球”融合，这样就将变异遗传给了下一代。达尔文还进一步提出，由于每个生物个体总是会出现各种各样的偶然变异，而这些变异的“芽球”的数量和能量都不相同，能量更强的那种变异“芽球”在生成后代的过程中占据了上风，所以生物的后代也不会出现亚里士多德所假设的那种两头四臂的情况。

在本书的第一部分里，我们曾经介绍过达尔文的爷爷伊拉斯谟斯，他除了是一名医生，也是一位杰出的博物学家，实际上达尔文家族中的著名学者还不止这爷孙俩，达尔文的表弟高尔顿也是一位享誉全球的生物学家。当他看到表哥的泛生论时，就立刻决定用实验去验证它。他认为，如果“芽球”真的像达尔文提到的那样最终都要汇聚到生殖细胞里，那么 “芽球”就一定可以在身体内部自由循环，而联通身体各个器官并不断循环的途径是什么呢？高尔顿当然想到了血液循环系统。

高尔顿由此得出结论——如果表哥的学说是正确的，那么生物的血液里就一定拥有不少来自各个器官的“芽球”，如果这些“芽球”真的和遗传有关，那么通过输血的方式就可以实现遗传物质的传递。于是，高尔顿找到了一只灰兔和一只白兔，定期的抽取白兔的血液输给灰兔，按照高尔顿的预想，灰兔体内肯定就已经携带了白兔的遗传物质，灰兔的后代里可能就会出现白色的兔子。

然而从 1869 年到 1971 年，高尔顿不厌其烦地给许多只兔子抽血、输血，却一直没有观察到灰兔的后代出现白兔的性状，这让他的心情十分复杂——高尔顿最初看到表哥的这个理论时，忍不住称赞这个想法十分天才，而他之所以进行一系列的实验，完全是出于善意，他只是想帮助表哥确立这个学说的正确性。然而实验的结论却是如此无情，他不仅没有帮上表哥的忙，还很可能成为推翻表哥理论的那个人。

表弟的这份好意，达尔文了然于胸，但实验的结果的确也让达尔文和他的泛生论十分尴尬，对于这一结果，达尔文进行了深入的思考后给出了公开的答复，他在给《自然》杂志投稿的文章中写道，自己从来没有确认过血液是否就是运输“芽球”的途径，虽然血液运输看起来非常合理，但也许“芽球”有自己更独特的运动方式。达尔文进一步举例说，在没有血液系统的植物中，这样的例子已经被观察到。

达尔文所说的这些植物的例子，就是所谓的“嫁接杂交”。

嫁接是农业生产和园林培育上常用的一种植物无性繁殖方式，为了达到增产抗病的目的，农民伯伯会将两棵植物分别切开一小段，然后让它们慢慢地愈合成一棵植物，这就是嫁接的过程。这个过程中，提供根和茎的那棵植物被称为砧木，只提供茎和芽的那棵植物被称为接穗。达尔文发现，一些植物在进行了嫁接之后，砧木上居然出现了接穗的特征，他认为，这就是因为两棵不同植物的“芽球”在嫁接之后互相传递的结果。

在《动物和植物在家养下的变异》中，达尔文列举了许多嫁接杂交的案例，其中的许多案例在今天也可以被实验证明，比如我国学者刘用生教授就使用两种李树进行了嫁接，砧木是一种叫做“玉皇”的普通李树，它的叶子是绿色的，而接穗则是来自一种长着紫红色叶子的紫叶李，在进行多年的培育后，刘用生教授把砧木上长出的李子重新播种下去，其中的一部分幼苗就长出了紫色的叶子。

其实最早发现嫁接会引起植物变化的也不是达尔文，我国著名的药物学家李时珍在著作《本草纲目》时，就曾详细记述过这种现象。但是即便是达尔文列举了许多证据之后，当时的学者们依然对嫁接杂交将信将疑，有的学者直接否定嫁接杂交的存在，还有一些认可了这些现象存在，但不接受达尔文的泛生论解释，而是将这种现象理解为嫁接所导致的植物病变。

由于嫁接杂交一直没有被大多数学者接受，高尔顿所进行的兔子输血实验更是得出了和泛生论相反的结果，达尔文的泛生论也就受到了不断的攻击。在达尔文去世之后，即便是坚定拥护达尔文学说的学者也不愿意接受泛生论。

但十分有趣的是，拥护拉马克的学者们，却把泛生论当成了宝贝，在他们看来，达尔文的泛生论或许不够完整，但它却成为了解释拉马克获得性遗传的关键。

真有趣

达尔文的表弟高尔顿也是一位了不起的生物学家，他为了支持表哥的“泛生论”做了什么？他成功了吗？

2 消失的眼睛——获得性遗传真的存在吗?

我们应该还记得，就在达尔文出生的那一年，法国学者拉马克出版了自己的《动物学哲学》一书，在这本书里，他第一次提出了自己的物种进化理论，也就是用进废退和获得性遗传。按照拉马克的解释，物种的变化是出于对环境变化的主动适应，当它们更多地使用一些能让自己适应环境变化的器官后，这些器官就因为长期的锻炼而变得强大，这种改变又被遗传给后代，长此以往，一个物种就会转变成另一个物种。

我们很有必要再一次介绍一下拉马克用长颈鹿解释用进废退和获得性遗传的例子。拉马克发现，非洲出土的原始长颈鹿化石的脖子并没有今天的长颈鹿那么长，他解释道，这或许是由于非洲曾经气候宜人，低矮的草丛和灌木繁茂，长颈鹿获得食物也比较容易，但是随着非洲气候变得越来越干旱，这些低矮的植物越来越少，长颈鹿想要填饱肚子，就必须抬头去吃高耸的树干顶端生长的嫩芽。由于经常需要努力伸长脖子，这头长颈鹿的脖子越

来越健壮、修长，它又把自己的这个变化遗传给了后代，经过许多年之后，短脖子的长颈鹿就有了长脖子的子孙。

仔细研究拉马克的用进废退和获得性遗传理论，不难发现它们背后所隐含的潜台词。拉马克认为，生物的演化是由它自己强烈的求生欲望和个体意志参与的，它总是朝着让自己更适应环境的方向去努力，这种努力又让身体的一些部分产生了变化（比如长颈鹿的脖子）。另一方面，拉马克其实并不认为生物会灭绝，按照他的理论，生物不会彻底消失，它只是彻底演化成了另一种生物而已。

学生时代的达尔文曾经一度是拉马克学说的粉丝，但数不清的证据和几十年的思考最终让达尔文相信，生物演化的过程中并没有个体意志的参与，自然选择才是导致生物演化的力量。不过，被达尔文抛弃的只是拉马克对生物演化的这种错误理解，对于用进废退和获得性遗传这两种现象本身，达尔文并没有太排斥。尤其是在研究鼹鼠等生活在地下洞穴的动物时，达尔文也尝试用“用进废退”的理论来说明它们的眼睛为什么会退化，甚至完全消失，他写道“（鼹鼠的眼睛）可能是长期不用导致的缩小，或许自然选择又强化了这个过程”。

和大多数人想象的不同，达尔文不仅默认了用进废退和获得性遗传的存在，甚至还为它们进行了辩护。在《物种起源》出版之后，许多坚定拥护达尔文思想的学者将它视为批判拉马克进化理论的工具，这让达尔文深感担忧，在《物种起源》第六版（也就是最后一版）里，达尔文专门提到了这个问题：“我的那些结论后来被人做了很大的歪曲，好像是我将物种演变完全归因于自然选择。我恐怕很有必要在这里指出，在这本书的第一版和以后几版里，我曾在最明显的地方，也就是绪论的结尾处，写下这样的话——我确信自然选择是主要的，但它也不是唯一的演变方式”。也就是说，达尔文强调了自然选择的重要性，但对于用进废退和获得性遗传等方式，他认为也是有可能存在的，只不过相比于自然选择来说，这种情况出现的概率比较小而已。

和达尔文的自然选择一样，拉马克的理论也面临着无法解释遗传原理的问题，很有趣的是，在达尔文试图用泛生论完善自己的理论时，泛生论却被表弟的实验意外地推翻了，但信奉拉马克学说的学者却依然对这种遗传学说如获至宝。

拉马克早在 1829 年就已经寿终正寝了，在达尔文的自然选择理论推出之后，当时的拉马克主义者所信奉的理论已经和拉马克

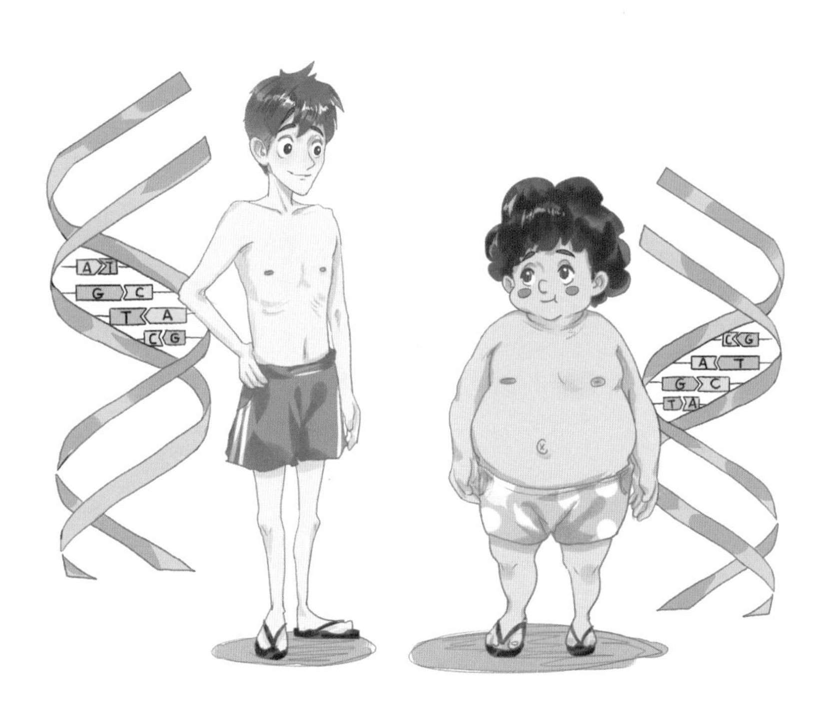

当年的理论有了许多区别，他们不再刻意地强调生物自身的努力和意志对演化的作用，而是将拉马克的思想归纳成一个更清晰的理论——变异是由环境直接导致的。尽管这和达尔文的“变异是偶然产生、经过自然选择才变得对生物有利”这一思想依然格格不入，但泛生论却似乎成了这种“新拉马克主义”的合理解释。新拉马克主义学者认为，如果达尔文的“芽球”可以传递那些偶然产生的变异，那么同样也可以传递那些环境直接导致的变异。我们前边提到，达尔文自己也在一定程度上接受了用进废退和获得性遗传，他也试图用泛生论对这两种现象进行过解释。实际上，达尔文的嫁接杂交理论，从某种程度上就是一种典型的获得性遗传的例子。

如同拉马克的继承者们发展出了“新拉马克主义”一样，在达尔文去世之后，他的《物种起源》也被一些继承者们进行了修订，和达尔文包容了用进废退和获得性遗传不同，“新达尔文主义”极度强调自然选择的重要性，他们认为，自然选择是物种演化的唯一动力，用进废退和获得性遗传毫无疑问是错误的。

新达尔文主义的代表人物当属德国生物学家魏斯曼，为了彻底驳倒获得性遗传，他开始了一场声势浩大的实验。魏斯曼在自己的实验室里饲养了许多小白鼠，当小老鼠刚一出生时，魏斯曼就立即用剪刀把它们的尾巴剪掉，这些没有尾巴的老鼠继续繁殖出下一代后，魏斯曼就再一次剪掉小老鼠的尾巴，一代又一代地剪下去，魏斯曼总共剪掉了 21 代老鼠的尾巴。魏斯曼认为，如果用进废退和获得性遗传是正确的，那么这些老鼠的尾巴刚一出生就被剪掉，它们从来没有使用和锻炼过自己的尾巴，在它们的后代中，尾巴应该逐渐地退化掉。但事实却并非如此，第 22 代的小白鼠依旧长出了完全正常的尾巴。

魏斯曼的切尾巴实验被认为是击垮获得性遗传的决定性胜利，但实际上，魏斯曼的这一举动还取得了一石二鸟的成果——他同时还推翻了达尔文的泛生论。很明显，切掉的尾巴上根本就不会产生什么“芽球”，否则即便是按照达尔文的理论来，小白鼠的后代也会彻底失去尾巴。

魏斯曼给变异的遗传提供了一种新的解释，他认为生物的体内存在两种不同的物质——体质和种质，体质只作用于生物的各个器官里，而种质则是只有生殖细胞里才会存在的，正是由于这些种质里发生的变异被遗传给了后代，物种才在自然选择的作用下缓慢地发生演化。

站在今天的角度回头看去，无论是拉马克、达尔文还是魏斯曼，其实都没有真正地掌握遗传的原理。在达尔文去世之后多年，人们终于意识到孟德尔的理论才是解释遗传的正确方法（在下一章节里，我们将会详细地介绍孟德尔的故事），而传递变异的既不是希波克拉底的“种子”，也不是达尔文的“芽球”，甚至也不是魏斯曼的“种质”，而是基因。

随着这些新知识的发现，获得性遗传似乎被彻底抛弃了，至少在二十世纪的前几十年里，人们愈发坚定地认为获得性遗传是错误的。但谁也没有想到，一场突如其来的天灾人祸，却意外地让获得性遗传重新走进了科学家的视野……

1944 年的欧洲正处于第二次世界大战的泥淖里，作为身处大国夹缝里的小国，荷兰早在战争初期就被德国占领，而当盟军对德国展开反攻时，早就无法忍受亡国之苦的荷兰人也开始通过罢工等行动反抗德国的统治。但 1944 年的这次反抗很快就被德国军

队镇压下去，作为惩罚，德国对罢工比较激烈的荷兰西部地区进行了粮食禁运，在这一年的冬天，荷兰西部成了人间炼狱，人们几乎吃掉了所有可以吃的东西——山间的草根和树皮，花园里的郁金香种球，家养的宠物，甚至还有人把家具的木头腿磨成木屑掺进面粉里充饥，但饥荒还是导致至少 1.8 万人死亡，侥幸生存下来的那些人也产生了严重的营养不良。

毫无疑问，发生在荷兰的饥荒是一场令人痛心的灾难，不过，恰是因为这场灾难，让人们注意到了一个不同寻常的细节——荷兰人身上出现了一些特殊的变化。人们发现，在战争期间忍饥挨饿的那些妈妈所生下的孩子，比没有经历过饥荒的妈妈所生下的孩子更容易肥胖，即便他们的饭量和其他孩子一样多，也比别人要更容易长肉。当时的学者解释道，这或许是由于胎儿在妈妈肚子里发育时，妈妈正在遭受饥荒，营养不良和内分泌紊乱给孩子带来了一些病变所导致的。

但奇怪的是，当这些出生在饥荒年代的孩子长大成人并结婚生子后，他们的孩子竟然也遗传了容易肥胖的特性！要知道，二战结束之后的荷兰很快就恢复了元气，它的经济水平和老百姓的生活质量在全世界都属于前列，即便这些出生在饥荒时期的孩子曾经遭受过营养不良的伤害，但在他们结婚生子的时候，身体也早就恢复了健康。这么看来，一定有什么东西发生了变化，这种变化从度过饥荒年代的妈妈身上遗传给了孩子，又从这些饥荒婴儿的身上遗传给了下一代。

尽量吃得多一些、体内脂肪积攒得厚一些，这是许多需要经历食物匮乏季节的动物常用的手段，需要经历冬眠的动物大多都喜欢在秋天大量进食，把自己变得圆圆鼓鼓，以应对没有食物可以享用的一整个严冬。从这个角度来理解，或许那些经历过饥荒的妈妈身上就发生了某种变异，这种变异是由外界的刺激（也就是饥荒）直接导致的，其作用是极大地提升对食物里营养的吸收效率，以应对饥荒带来的营养不良，而这种变异又的确可以遗传，甚至在她们的孙子身上也得到了体现。

在今天，这样的特殊遗传被称为表观遗传，它的英文名称是 epigenetics，也就是“除遗传学以外更多的”。按照孟德尔那种遗传学的观点，DNA 作为遗传信息的载体，在生物体内是不会变化的，这就像弹奏乐器用的乐谱一样，只要你弹奏的是同一首曲子——比如施特劳斯的《蓝色多瑙河》——那么不管你用的是 1990 年出版的乐谱还是 2019 年出版的乐谱，内容都应该是一样的。同样的道理，荷兰妈妈们小时候的 DNA 和她们生宝宝时候的 DNA 也是一样的，但在这个过程中，由于遭受了饥荒这种外界刺激，身体里的一些物质给她们的 DNA“乐谱”做了一些修饰——就好像你在乐谱的下方用圆珠笔做了一个标记，写上了一句“这个地方要换一个弹法”，这就是表观遗传的修饰作用。可以想象，当年遭受过饥荒的荷兰妈妈们的 DNA 上，普遍出现了这些“标记”。

荷兰饥荒事件改变了人们对获得性遗传的认识，也让人们对新达尔文主义和孟德尔遗传学说产生了反思，这不禁让我们想起了当年的达尔文。他在坚持自然选择的同时，也没有彻底否认其他的可能性，而越来越多研究表明，这位自然选择之父的观点，或许才更接近大自然的真相。

这其实就是科学的魅力所在。在达尔文提出自然选择之后，他的理论也被不断涌现的新发现修改着，其中的一些观点曾经被推翻，又因为新的研究而重新受到重视。也正是在这样的波折中，

人们对自然运行奥秘的理解也越来越深。

相比于达尔文的经历，奠定了遗传学理论基础的孟德尔的故事就更曲折了。

真有趣

“新达尔文主义”的代表人物是谁？他的什么实验在当时被视作了击垮“获得性遗传”的决定性胜利？

3 遗传之谜的揭晓

1822 年，13 岁的达尔文还在什鲁斯伯里的庄园里度过自己无忧无虑的童年，远在奥地利西里西亚地区的一户普通农居里，一个男孩儿呱呱坠地了。作为家里唯一的男孩，约翰·格雷戈尔·孟德尔受到了父母和姐姐们的百般宠爱。尽管家境十分贫寒，父亲还是努力地做工赚钱供养孟德尔上学，天资聪慧的孟德尔并没有辜负家人的期盼，他的学业成绩一直名列前茅，为了给儿子凑够学费，他的爸爸甚至不断地变卖家里的土地，妹妹也卖掉了自己的嫁妆，但尽管如此，到了孟德尔 16 岁那年，他还是被迫中断了学业。

或许正是为了摆脱这种贫苦的家境，21 岁那年，孟德尔主动进入布鲁诺的圣汤玛斯修道院当了一名修道士，这当然不是因为他有多么坚定的宗教信仰，而是因为当时的修道士是一份衣食无忧的生计，在修道院里，孟德尔不仅不必为生活发愁，还能拿到相当可观的收入补贴家用。当然，世界上并没有免费的午餐，成为一名修道士意味着不能娶妻生子，按照我们中国人的观点来看，孟德尔家

的香火这就算断了。

我们不知道孟德尔对不能结婚生子这件事到底有没有后悔过，但他在修道院里的生活总体来看还算有声有色。当时的修道院院长十分器重这个聪慧勤奋的青年人，不仅委派他去给教会学校的孩子们上课，还送他到维也纳大学进修学习了两年。孟德尔十分珍惜这来之不易的大学生活，如饥似渴地汲取知识，他的老师之一就是发现了多普勒效应的著名声学家克里斯蒂安·多普勒，孟德尔也因此接触了许多自然科学和数学方面的知识。

1854 年，完成学业的孟德尔再次回到圣汤玛斯修道院，我们或许会为孟德尔感到惋惜：他学习了这么多知识，但是在修道院这种宗教场所里，又能施展什么拳脚呢？其实这是一种误解。和今天不同，孟德尔时代的修道院并不是一个简单的宗教场所，孟德尔和他的同事们除了履行侍奉上帝的宗教职责之外，还有大把的时间可以自由分配，许多修道士都会利用这些时间进行自己喜爱的研究。这种研究并不局限于宗教领域，当时的许多医学、博物学、天文学的新发现，就是这些修道士和牧师们在业余时间创造的。对于孟德尔来说，只要不违背神学的权威，他想研究什么都可以。

自然的奥秘是孟德尔从小就钟爱的话题，而在那个年代里，自然之谜里最受关注的就是遗传的规则了。我们前边提到，当时人们还并没有搞清遗传的方式，除了达尔文的“泛生论”之外，还有许多学者相信一种叫做融合遗传的法则——来自父母双方的性状将会在后代身上融合，白老鼠和黑老鼠结合的后代必然是一只灰色的老鼠。但事实真是这样吗？孟德尔决心弄个明白。

虽说修道院对修道士们的研究工作非常宽容，但孟德尔真的把几笼不同毛色的老鼠养在自己的卧室里开始研究的时候，同事们还

是坐不住了。修道院毕竟是一个宗教场所，在这里养老鼠，甚至还要解剖老鼠，确实有些不太合适，在院长的劝导下，孟德尔放弃了这种最常用的实验动物，转而决定使用植物进行自己的研究。

谁能想到，孟德尔寻找这种合适植物的过程并不简单，从1854年开始，他花费了足足两年时间，挑选了二十多种不同的植物，却一直没有合适的目标。这是因为孟德尔对植物不太了解吗？答案当然是否定的，作为一个农夫的儿子，种花弄草这种事儿他再熟悉不过了，但也正是因为这种熟悉，让孟德尔对选择植物的过程更加慎重。

孟德尔很清楚，遗传的奥秘，其实就是要研究某种生物身上的性状是怎么传递给它们的下一代的，而进行这种研究最佳的方式就

是去观察那些有性繁殖的生物是如何继承来自父母双方不同的性状的，因为无性繁殖的本质就是生物自己复制了自己，这样的遗传方式非常简单明了，却又不能真正地解决谜题。所以在即将开始的实验中，孟德尔首先排除掉了可以进行无性繁殖的植物。

即便是有性繁殖的植物，也有许多并不适合进行研究，因为我们必须要知道某一棵植物的父母都是谁，或者某两棵植物的后代是谁，才能对比出父母的性状是怎么传递给后代的。这就首先排除掉了许多可以进行有性繁殖的蕨类——这些古老的植物通过极其微小的孢子繁殖，只有在显微镜下才能看清的孢子随风飘落后长出新的蕨类，然而我们完全不知道它是哪两棵蕨类（也就是它的父母）的后代；另一些以种子繁殖的植物则面临着“爸爸去哪了”的问题，因为这些植物通过花粉来完成授精，而无论是通过风传播花粉，还是通过昆虫传播花粉，我们都很难确定提供花粉的“爸爸”到底是哪一棵，后面的研究也就无从开展了。

其次，这种植物的性状必须足够稳定，以减少对实验的干扰；它的生长周期也要足够短暂，以提高实验的效率，当然了，它所需要的空间最好也要小一些，毕竟院长提供给孟德尔做实验的后花园并不大……

在经历了两年的仔细甄选之后，孟德尔把目光锁定在一种常见的豆类身上——豌豆。从任何一个角度来说，豌豆都是最理想的实验目标，它是一种典型的自花传粉和闭花授粉植物，在豌豆花授粉的过程中，花朵会紧紧地包裹住自己的雄蕊和雌蕊，这不仅杜绝了外来花粉的干扰，还让豌豆的“血统”非常纯正——在自然状态下，每一棵豌豆都只接受自己的花粉授精，它们的后代也一定是“纯种”的。更重要的是，豌豆身上有许多稳定的不同性状，孟德尔选择了其中的 7 对不同性状进行研究，也就是：豆荚是黄色或绿色；豆荚是饱满或褶皱；豆粒是黄色或绿色；豆粒是饱满或褶皱；花朵是紫色或白色；花朵长在植株的顶端或侧端；豌豆的茎是长或短。

通过刻意地将某一对不同性状的豌豆进行人工授精杂交，孟德尔开始了自己的研究。他先是种植了第一代豌豆，然后从其中选出一些分别会长出黄色豆粒和绿色豆粒的豌豆进行杂交，发现它们的后代里只会出现黄色的豆粒。他又把这些黄色的豆粒种下去，由此得到的第二代豌豆并不进行任何杂交，只让它们自然地完成授精过程，这些豌豆有的长出了黄色的豆粒，有的却又重新长出了绿色的豆粒。孟德尔意识到，决定豌豆长出绿色豆粒的遗传物质并不是消失了，它只是在某个阶段隐藏不见了，于是，他把黄色的这种性状称为显性，把绿色的性状称为隐性。

更有趣的是，无论孟德尔进行多少次实验，他得到的显性后代和隐性后代的比例总是接近于 3:1，为什么会出现这种固定的比例呢？孟德尔开始探求背后的奥秘。

在 8 年的时间里，孟德尔进行了至少 17610 次授粉，种出了至少三万棵豌豆，并最终使用数学知识逐步揭开了遗传的规则。他发现，任何一种生物体内控制某种性状的“因子”（在当时，还没有基因这个词）总是成对出现的，当进行繁殖时，这一对遗传因子会彼此分离，独立地遗传给后代，这就是遗传的第一个基本定律——分离律；而控制不同遗传性状的因子，又可以互相独立的组合，这就是遗传的第二个基本定律——自由组合律。

1865 年，结束了总计长达 10 年研究的孟德尔终于把自己的发现整理成论文，并在布鲁恩自然科学学会上进行了介绍，但是或许是他的这个发现太超前，也或许是他的名气太小，这个本应震撼

世界的重大发现，却陷入了几乎无人关注的尴尬境地。不死心的孟德尔把自己的论文复印了40份，分别邮寄给了当时世界上最主流的科学家，居然也只收到了1封回信。

来信人是当时植物界的权威、慕尼黑大学的教授耐格里，对于这位修道士出身的后生做出的研究，耐格里并没有格外重视，但出于对青年学者的怜爱之情，耐格里还是提出了自己的意见。他首先反驳了孟德尔的研究结果，认为这完全是错误的，同时他又建议孟德尔对另一种植物——山柳菊进行研究，就可以发现这套遗传规律是不能在山柳菊身上得到体现的。为了说服耐格里，孟德尔真的又开始使用山柳菊进行实验，他沮丧地发现，事实真的如同耐格里说的那样，在豌豆身上发现的规律在山柳菊身上却失效了。

难道是孟德尔错了吗？其实不是。在1904年，也就是孟德尔去世整整20年后，人们才终于搞清了山柳菊的实验结果为什么会出现偏差，原来，山柳菊是一种孤雌繁殖的植物，它们所遗传的物质只来自于自己的“妈妈”，而完全没有“爸爸”的贡献。可惜的是，孟德尔当时并没有掌握这个关键的知识。

那么，达尔文对孟德尔的研究又如何看待呢？人们在整理孟德尔遗物的过程中发现，他阅读过达尔文的《物种起源》，还仔细地在书中做了许多标记，而在达尔文的遗物中，也发现了孟德尔当年邮寄给他的研究成果，甚至在1861年，孟德尔还曾经到伦敦进行过访问，两位巨人其实有许多次可以直接交流的机会。但命运却让他们擦肩而过了，在孟德尔访问英国的那一年，达尔文正被疾病困扰，几乎处于闭门谢客的状态，而或许也正是因为晚年的健康状况不佳，让达尔文无心阅读来自世界各地堆积如山的来信，孟德尔那封至关重要的邮件，直到达尔文去世也没被拆开过。

1868 年，圣汤玛斯修道院的老院长因病去世，为人憨厚谦逊的孟德尔被同事们推举成为新的院长，尽管孟德尔并不愿彻底放弃对遗传的研究，但繁重的修道院事务还是让孟德尔抽身乏力。1884 年，孟德尔因肾炎和心脏病去世。

1900 年，来自荷兰、德国和奥地利的三位科学家在不同的植物身上分别取得了和豌豆试验相同的结果；1902 年，丹麦遗传学家约翰逊提出了“基因”这个词；1910 年，美国科学家摩尔根又在果蝇身上发现了遗传学的另一个重大定律——连锁互换定律；1944 年，人们首次发现 DNA 是遗传转化因子；1953 年，DNA 的双螺旋结构被发现……那位早已与世长辞的奥地利修道士辛勤奠定的遗传学根基，终于开始绽放绚烂的花朵。

真有趣

孟德尔花了长达十年的时间用豌豆实验终于揭开了遗传的奥秘，他为什么不用最常见的老鼠当实验对象呢？

4 并未停歇的探索

一个非常令人意外的事实是，尽管在今天的我们看来，孟德尔开拓的遗传学恰好填补了达尔文所不了解的遗传之谜，但在人们重新发现孟德尔的贡献之后的近 20 年里，无论是达尔文的支持者还是孟德尔的继承人们，双方谁都没有发现遗传学和进化论之间能产生什么联系。

我们应当还记得，达尔文推出进化论观点之后，曾有一位年轻的学者立刻为他的天才所折服，成为达尔文最忠实的拥护者，他就是赫胥黎。而在 1920 年，赫胥黎的孙子小赫胥黎又一次成为达尔文理论的推动者，在这位后来的联合国教科文组织首任总干事的引领下，一大批学者终于认识到了孟德尔的遗传理论和进化论之间的关系，并着手将这两套理论进行整合，这就是奠定了今天我们在教科书上能学到的进化论——“综合进化论”。

由于拥有了孟德尔遗传理论的补充，达尔文的进化论得到了一次质的提升，这也是自“新达尔文主义”之后，人们第二次对达尔文的观点进行修正。但随着人们对遗传知识的不断了解，却又出现了一个新的问题：达尔文提到，变异是随机产生的，被自然选择之后，筛选出那些能适应环境的变异。现在，我们已经理解变异其实是从分子层面发生的，这些变异以DNA为载体，通过遗传的方式传递给下一代，那么，分子层面的变异也会受到自然选择的影响吗？

在日本科学家木村资生看来，自然选择应该不是万能的，至少在生物分子层面，自然选择不会起到什么作用，他提出的“中性分子进化说”认为，分子层面的变异大多数是中性的，它既不会带来什么适应环境的变化，也不会带来不适应环境的变化，而当这些不好不坏的变异积累到一定程度之后，物种就会产生足够大的变化——也就是演化成新的物种。这个理论自然不能被坚信自然选择无所不能的“新达尔文主义”所接受，但木村资生也有自己的理解，他认为自己的理论和达尔文的自然选择并不冲突，两者甚至都并不重合，中性的变异只是出现在分子层面，而这种分子层面的中性变异日积月累最终导致生物性状发生变化后，这些性状还要受到自然选择的影响，他和达尔文都没错。

对于达尔文学说的修正还发生在演化的单位上。在达尔文时代，人们认为演化的单位是一个生物个体，一只短脖子的长颈鹿无法够到足够高的树叶，它就不能存活下来，或者营养不良无法吸引异性，这都导致它不能留下后代而被淘汰。但这种观点却无法解释一些群居昆虫的生活——无论是白蚁、蚂蚁还是蜜蜂，它们的工蚁、工蜂都完全丧失了生育的能力，整个种群的繁殖大业完全由蚁后、蜂后自己负责，如果演化的单位是个体，那么失去生殖能力的工蚁、工蜂早就因为不能留下后代而被自然选择淘汰掉了，但事实却绝非如此。

人们逐渐意识到，演化的单位很可能是一个物种的种群，也就是在一定空间和时间段里生活在一起的某种生物的整体。一窝蚂蚁就是一个种群，生活在同一片草原的长颈鹿也是一个种群，这些种群内的个体共同享有一个基因库,发生在每个个体身上的随机变异，就通过种群内部的不断交配繁殖被汇集到基因库了，这个种群的后代也就都普遍拥有了这些变异。而如果一片草原上的长颈鹿种群分裂成两个不同的小种群,它们之间又因为距离的原因不再互相通婚，那么这两个种群的基因库也失去了交流的机会，A 种群里的变异和 B 种群里的变异就出现了差别，天长日久之后，它们就可能变成新的亚种或物种。

这样的种群例子甚至在人类身上都有所体现。在西方殖民者到达美洲之后，他们惊讶地发现这里的印第安原住民居然只有一种血型——在欧亚大陆上常见的 A 型血和 B 型血完全消失了，所有的北美印第安人都是 O 型血。人们猜测，这可能就和最初到达美洲的早期人类形成了一个新的种群有关系。在大约一万多年前的冰河时期，由于全球气温的下降，南北半球的高纬度地区凝结了大量的冰，海平面也因此下降了一百多米，今天阻断阿拉斯加和西伯利亚的白令海峡在当时是一条细长的陆桥，生活在亚洲的一些蒙古人种因此扩散到美洲，这些早期移民很可能就只有产生 O 型血的基因。当地球重新变暖后，这些来到美洲的移民和他们生活在欧亚大陆的亲人们彻底失去了联系，那些产生 A 型和 B 型血的基因再也无法汇入美洲印第安人的基因库中，最终导致了他们血型的单一性。

达尔文时代另一个无法解答的问题就是关于演化的速度。在对古生物化石进行研究时，达尔文已经注意到寒武纪时期的三叶虫等生物，但当时人们在比寒武纪更早的地层里却没有发现任何生命的痕迹，就好像寒武纪的生物是突然冒出来的一样，这显然是不符合进化论的概念的。达尔文为此深感困惑，但也没有给出更好的解释，他只能猜测更古老的生物或许没有坚硬的骨骼或外壳，所以很难形成化石，或者更古老的地层被破坏掉了，使得当时的化石很少被保存下来。正是由于这个现象，当时的人们把寒武纪之后的地质时期称为显生宙，也就是生命开始显现的时代，寒武纪之前的时期称为隐生宙，也就是没有生命现象的时代。

1946 年，澳大利亚地质学家斯帕林格在埃迪卡拉山的岩层里发现了一些多细胞生物留下的化石，这个被称为埃迪卡拉纪的地质时代也证明了寒武纪之前确实是有生命活动的。后来人们发现，生命的起源其实更早，在埃迪卡拉纪之前，生命至少就已经演化了 30 亿年，历经 30 亿年演化的埃迪卡拉纪生物不仅种类很少，形态和今天的所有生物也都不一样，它们甚至还没有产生口、消化道和肛门的分化。但在紧随而至的寒武纪里，动物似乎是骤然地演化出几十个门类，它们突然就拥有了骨骼、眼睛、触手甚至大脑等器官，而它们不久之前的祖先，只是一些微小又简单的多细胞生物。这是一个非常奇怪的现象，如果按照达尔文的理论，物种的演化应该是非常缓慢的，可为什么寒武纪的生物突然就爆发式地繁荣起来了呢？

“寒武纪生物大爆发”迫使人们重新思考演化的速度这一关键问题，一种新的观点被提出——间断平衡理论。持这种观点的学者认为，生物的演化速度其实不是一成不变的，它们又是非常缓慢，甚至在一定时期内几乎停滞，而在另一些时间段，却又可以以极快的速度进行，这种解释也被认为可以解答寒武纪生物大爆发之谜。

但也有学者认为，导致寒武纪生物大爆发的原因并不是生物自

己演化速度的快慢,而是环境的快速变化让自然选择的过程加速了。在寒武纪初期，地球的环境发生了许多剧烈的变化，曾经四分五裂的大陆在这一时期连成一片，这块叫做冈瓦那超大陆的陆地形成的过程中，形成了许多高耸的山脉，而当大气层对这些山脉进行风化的同时，空气中的成分也在发生剧烈的变化，当时的空气含氧量比现在高 4%，海水中的钙也在短期之内增加了 3 倍多，这样剧烈的自然选择自然会更有力地筛选出那些适应环境的变异，也间接导致了物种形成速度的加快。还有的学者认为，寒武纪之前的生物还没有捕食者和被捕食者的关系，当最初的捕食者诞生之后，它们彻底改变了整个生态链的准则，新出现的捕食者运动能力增强，相应地，逃避捕食成为了一种新的自然选择，只有那些骨骼最坚实、速度更快的被捕食者才能存活下来。

当达尔文站在小猎兔犬号的甲板上远眺时，他或许没有想到自己一生的研究将会彻底改变人们对世界的认识，而即便在达尔文早已远去的今天，我们依然还在探索的路上不断前行着。伴随着不断涌现的新证据、新观点，达尔文最早提出的那种原汁原味的进化论或许已经面目全非,但我们探求真理的决心和勇气,却一直未曾停歇。

真有趣

当今我们在教科书上能学到的“进化论”只是达尔文的理论吗?

图书在版编目（CIP）数据

物种起源：彩绘图解版 / (英) 查尔斯·达尔文著；任辉编著. — 北京：中国致公出版社, 2020

（少年知道）

ISBN 978-7-5145-1480-3

Ⅰ. ①物… Ⅱ. ①查… ②任… Ⅲ. ①物种起源 – 达尔文学说 – 青少年读物 Ⅳ. ①Q111.2-49

中国版本图书馆CIP数据核字(2019)第201424号

物种起源/［英］查尔斯·达尔文 著；任辉 编著

出　版	中国致公出版社 （北京市朝阳区八里庄西里100号住邦2000大厦1号楼西区21层）
出　品	湖北知音动漫有限公司 （武汉市东湖路179号）
发　行	中国致公出版社（010-66121708）
作品企划	知音动漫图书·文艺坊
责任编辑	方　莹 张晨曦
装帧设计	余诗立
印　刷	武汉新鸿业印务有限公司
版　次	2020年2月第1版
印　次	2020年2月第1次印刷
开　本	710mm × 1000mm　1/16
印　张	11
字　数	123千字
书　号	ISBN 978-7-5145-1480-3
定　价	39.80元

少年知道

全世界都是你的课堂

学科教养

尚阳 著
图解彩绘版
定价：32.80元

周远方 著
经典题详解版
定价：35.00元

田可文 著
古典音乐原声版
定价：35.00元

精英传记

李长之 著
通识教育彩绘版
定价：29.00元

居里夫人的故事

杨柳 译
〔英〕埃列娜·杜尔利 著
通识教育彩绘版
定价：29.00元

杜蕾 编著
通识教育彩绘版
定价：29.80元

人文启蒙

高中甫 译
〔德〕古斯塔夫·施瓦布 著
思维导图版
定价：39.80元

上下五千年

吕思勉 著
思维导图版
定价：39.80元

科普经典

高士其 著
通识教育彩绘版
定价：32.80元

任辉 编著
〔英〕查尔斯·达尔文 著
彩绘图解版
定价：39.80元